Colhendo o Futuro

Sustentabilidade na Agricultura

Thiago Rodrigues

Autor

Thiago Rodrigues

Todos os direitos reservados, no Brasil, por
Organlife Special Products
Rua Acaraica 441 - Conj. 01 - Vila Oratório
03189-180 - São Paulo - SP
Tel: (11) 3164-0161
atendimento@organlife.com.br
ISBN: 9798395743237

DEDICATÓRIA

Dedico este livro a todos aqueles que acreditam que podemos cultivar um futuro melhor. Àqueles que compreendem a importância da sustentabilidade na agricultura e se esforçam para preservar a saúde do nosso planeta enquanto alimentam as gerações presentes e futuras. Aos agricultores, pesquisadores, educadores e defensores incansáveis da agricultura sustentável, vocês são a força motriz por trás da transformação positiva em nosso sistema alimentar. Que este livro inspire e fortaleça o compromisso de cada um de nós em colher um futuro mais sustentável, onde a natureza e a agricultura coexistam em harmonia.

Thiago Rodrigues

Quando se trata de preservar nosso planeta, não podemos subestimar o poder da agricultura sustentável. Através dela, podemos semear as sementes de um futuro mais saudável e equilibrado, colhendo os frutos da harmonia entre a natureza e a produção de alimentos.

Thiago Rodrigues

SUMÁRIO

Capítulo 1

Compreendendo a sustentabilidade na agricultura

Capítulo 2

Conservação do solo e água

Capítulo 3

Uso responsável de fertilizantes e pesticidas

Capítulo 4

Agricultura de precisão e tecnologias sustentáveis

Capítulo 5

Agroecologia e sistemas agroflorestais

Capítulo 6

Agricultura urbana e periurbana

Capítulo 7

Agricultura orgânica e certificações

Capítulo 8

Inovações e tendências na agricultura sustentável

Prólogo

Enquanto o sol se ergue sobre os vastos campos, um vento suave acaricia as plantações. É nesse cenário que a história da agricultura sustentável começa a se desenrolar. Um capítulo emocionante, repleto de desafios e descobertas, à medida que os agricultores se comprometem a cuidar do solo que os alimenta e preservar os recursos naturais para as gerações futuras.

Neste livro, mergulharemos nas páginas de uma jornada transformadora. Exploraremos os princípios fundamentais da sustentabilidade na agricultura, revelando as histórias de agricultores dedicados e visionários que abraçaram a responsabilidade de cultivar de maneira ecologicamente consciente. Convidamos você a se juntar a nós nessa viagem, na qual aprenderemos juntos sobre práticas agrícolas inovadoras, tecnologias sustentáveis e o impacto positivo que elas têm na nossa sociedade.

Descobriremos as técnicas de conservação do solo que mantêm sua fertilidade e evitam a erosão, os métodos de gestão de recursos hídricos que minimizam o desperdício e a importância da diversificação de culturas para promover a resiliência e a segurança alimentar. Exploraremos ainda a sinergia entre a agricultura e a biodiversidade, ressaltando a importância dos polinizadores, dos corredores ecológicos e da proteção dos ecossistemas.

Ao longo dessas páginas, esperamos despertar em você uma apreciação renovada pela complexidade e beleza da agricultura sustentável. Nesse futuro que estamos colhendo, a sustentabilidade é a semente que plantamos hoje, para garantir um amanhã abundante e equilibrado.

Prepare-se para embarcar nesta jornada, onde cada capítulo oferece uma visão mais profunda da agricultura sustentável. Estamos prontos para explorar os caminhos que nos levarão a um futuro em que a colheita é tão nutritiva para a Terra quanto para nossos pratos.

Bem-vindo a "Colhendo o Futuro: Sustentabilidade na Agricultura".

Caros leitores,

É com grande entusiasmo e gratidão que compartilho com vocês o livro "Colhendo o Futuro: Sustentabilidade na Agricultura". Nesta obra, mergulharemos em um universo de conhecimento e inspiração, explorando os caminhos da agricultura sustentável e descobrindo como podemos cultivar um futuro mais promissor para o nosso planeta.

Nossos sistemas alimentares estão enfrentando desafios cada vez mais complexos. A necessidade de alimentar uma população em constante crescimento, combinada com os impactos das mudanças climáticas e a degradação dos recursos naturais, exige uma abordagem inovadora e consciente. É exatamente nesse contexto que a agricultura sustentável desempenha um papel crucial.

Neste livro, embarcaremos em uma jornada fascinante pelos princípios e práticas que sustentam a agricultura do futuro. Abordaremos temas como o uso eficiente dos recursos naturais, a conservação do solo, a redução do uso de agroquímicos e a promoção da biodiversidade. Desvendaremos os segredos das técnicas agrícolas sustentáveis, ouvindo os relatos e aprendizados de agricultores visionários que estão revolucionando a forma como cultivamos nossos alimentos.

"Colhendo o Futuro" é uma ode à resiliência e ao potencial de transformação da agricultura sustentável. É uma chamada à ação para todos os envolvidos no setor agrícola, desde os agricultores e pesquisadores até os consumidores conscientes, para que juntos possamos construir um sistema alimentar mais equilibrado e regenerativo.
Ao longo dessas páginas, você encontrará histórias inspiradoras, informações fundamentadas e perspectivas que desafiarão suas ideias preconcebidas sobre a agricultura. Descobrirá como cada um de nós, em nossas escolhas diárias, pode contribuir para um futuro em que a sustentabilidade é a base da nossa relação com a terra e com os alimentos que consumimos.

Portanto, convido vocês a se juntarem a mim nessa jornada. Vamos explorar as soluções que estão moldando o cenário agrícola atual e descobrir como podemos, juntos, colher o futuro que tanto almejamos.

CAPÍTULO 1

COMPREENDENDO A SUSTENTABILIDADE NA AGRICULTURA

Introdução:

No primeiro capítulo do livro "Colhendo o Futuro: Sustentabilidade na Agricultura", iremos explorar o conceito de sustentabilidade na agricultura e sua importância para a preservação do meio ambiente e o bem-estar das gerações futuras.

1. **Definição de sustentabilidade na agricultura:**

Neste tópico, discutiremos o significado da sustentabilidade na agricultura. Exploraremos como ela envolve a utilização responsável dos recursos naturais, como solo, água e biodiversidade, visando garantir a produção de alimentos de forma duradoura, sem comprometer os recursos para as gerações futuras.

2. **Importância da sustentabilidade na preservação do meio ambiente:**

Abordaremos a relevância da agricultura sustentável na proteção do meio ambiente. Exploraremos como práticas inadequadas podem levar à degradação do solo, poluição da água e redução da biodiversidade, destacando os impactos negativos para os ecossistemas e para a qualidade de vida das comunidades rurais e urbanas.

3. **Benefícios econômicos e sociais da agricultura sustentável:**

Neste tópico, examinaremos os benefícios econômicos e sociais associados à adoção de práticas sustentáveis na agricultura. Destacaremos como a sustentabilidade pode melhorar a produtividade e a eficiência dos sistemas agrícolas, reduzindo custos e aumentando a rentabilidade dos agricultores. Além disso, abordaremos os impactos positivos no desenvolvimento rural, na segurança alimentar e na promoção de comunidades resilientes.

Conclusão:

No final deste capítulo introdutório, enfatizaremos a importância de compreender e promover a sustentabilidade na agricultura. Através da implementação de práticas sustentáveis, é possível alcançar uma agricultura mais eficiente, resiliente e capaz de enfrentar os desafios ambientais atuais e futuros. Ao adotar uma abordagem sustentável, podemos contribuir para um planeta mais verde e garantir que as gerações futuras possam colher os benefícios de um sistema agrícola equilibrado e saudável.

1. Definição de sustentabilidade na agricultura:

A sustentabilidade na agricultura refere-se a um conjunto de práticas e abordagens que visam garantir a produção de alimentos de forma equilibrada, sem comprometer os recursos naturais e considerando os impactos sociais e econômicos. Envolve a busca por sistemas agrícolas que sejam ecologicamente corretos, economicamente viáveis e socialmente justos, promovendo a conservação dos recursos naturais, a preservação da biodiversidade e o bem-estar das comunidades rurais.

A sustentabilidade na agricultura busca maximizar a eficiência do uso de recursos, como solo, água e energia, minimizando os impactos negativos ao meio ambiente. Isso é alcançado por meio da adoção de práticas agrícolas sustentáveis, como o manejo adequado do solo, o uso responsável de fertilizantes e pesticidas, a conservação da água, a promoção da biodiversidade e a proteção dos ecossistemas.

Além disso, a sustentabilidade na agricultura também considera aspectos sociais, como o respeito aos direitos trabalhistas, a promoção da segurança alimentar, o apoio às comunidades rurais e a equidade no acesso aos recursos agrícolas. Busca-se uma agricultura que seja inclusiva, valorizando os conhecimentos tradicionais, promovendo a agricultura familiar e garantindo a participação e o envolvimento das comunidades locais.

Em resumo, a sustentabilidade na agricultura busca conciliar as necessidades de produção de alimentos com a conservação dos recursos naturais e o desenvolvimento socioeconômico, visando atender às demandas presentes sem comprometer as gerações futuras. É um modelo de agricultura que reconhece a interdependência entre os sistemas naturais e humanos, buscando harmonizar o progresso agrícola com a preservação ambiental e a justiça social.

2. Importância da sustentabilidade na preservação do meio ambiente

A sustentabilidade na agricultura desempenha um papel fundamental na preservação do meio ambiente. Aqui estão algumas das principais razões que destacam sua importância:

1. Conservação do solo: A agricultura sustentável adota práticas que visam conservar a qualidade do solo, como o uso de técnicas de manejo do solo, rotação de culturas e plantio direto. Essas práticas ajudam a prevenir a erosão do solo, a reduzir a perda de nutrientes e a promover a saúde e fertilidade do solo. Isso é essencial para garantir a produtividade a longo prazo, bem como para evitar a degradação do solo e a desertificação.

2. Preservação da água: A agricultura sustentável busca utilizar a água de forma eficiente e responsável. Isso inclui o uso de técnicas de irrigação mais precisas, sistemas de captação de água da chuva e práticas de conservação hídrica. Ao reduzir o desperdício de água e minimizar a contaminação dos recursos hídricos, a agricultura sustentável contribui para a preservação dos ecossistemas aquáticos e garante o acesso à água de qualidade para as comunidades.

3. Conservação da biodiversidade: A agricultura sustentável valoriza e promove a biodiversidade. Através da diversificação de culturas, preservação de habitats naturais e adoção de práticas de manejo integrado de pragas e doenças, a agricultura sustentável contribui para a proteção e preservação da flora e fauna nativas. Isso é essencial para manter o equilíbrio dos ecossistemas, a polinização adequada das plantas e a manutenção da diversidade genética.

4. Redução do uso de produtos químicos: A agricultura convencional muitas vezes faz uso excessivo de fertilizantes químicos e pesticidas, que podem ter impactos negativos no meio ambiente, como a contaminação do solo, da água e a redução da biodiversidade. A agricultura sustentável procura reduzir a dependência desses produtos químicos, incentivando o uso de fertilizantes orgânicos, métodos naturais de controle de pragas e o fortalecimento da resistência das plantas.

5. Mitigação das mudanças climáticas: A agricultura sustentável pode desempenhar um papel importante na mitigação das mudanças climáticas. Através de práticas como o sequestro de carbono no solo, o plantio de árvores, a utilização de energias renováveis e a redução das emissões de gases de efeito estufa, a agricultura sustentável contribui para a redução do impacto climático e para a adaptação aos efeitos das mudanças climáticas.

Em suma, a sustentabilidade na agricultura é crucial para a preservação do meio ambiente, pois visa a conservação dos recursos naturais, a promoção da biodiversidade, a redução da poluição e a mitigação das mudanças climáticas. Ao adotar práticas sustentáveis, podemos garantir a saúde dos ecossistemas, a segurança alimentar e o bem-estar das gerações presentes e futuras.

1. Benefícios econômicos e sociais da agricultura sustentável

A agricultura sustentável oferece uma variedade de benefícios econômicos e sociais que contribuem para o desenvolvimento sustentável das comunidades rurais e para a sociedade como um todo. Aqui estão alguns dos principais benefícios:

1. Melhoria da produtividade e rentabilidade: A agricultura sustentável visa maximizar a eficiência do uso de recursos, como solo, água e energia. Isso pode resultar em uma melhoria na produtividade das culturas, redução de custos de produção e aumento da rentabilidade para os agricultores. Ao adotar práticas sustentáveis, como o manejo adequado do solo, a conservação da água e a utilização de métodos agroecológicos, os agricultores podem obter melhores rendimentos, reduzindo a dependência de insumos externos.

2. Redução dos riscos ambientais e sociais: A agricultura sustentável busca reduzir os riscos associados às práticas agrícolas convencionais, como a degradação do solo, a contaminação da água e o uso excessivo de produtos químicos. Isso contribui para a preservação dos recursos naturais, a mitigação dos impactos ambientais e a proteção da saúde humana. Além disso, ao promover práticas sustentáveis, a agricultura pode ajudar a reduzir os conflitos relacionados ao acesso e uso da terra, bem como melhorar as condições de trabalho e a segurança dos agricultores.

3. Fortalecimento da segurança alimentar: A agricultura sustentável é essencial para garantir a segurança alimentar a longo prazo. Ao adotar práticas que preservam a qualidade do solo, conservam a água e promovem a biodiversidade, a agricultura sustentável ajuda a proteger a capacidade produtiva

das terras agrícolas. Além disso, ao promover a diversificação de culturas e o fortalecimento da agricultura familiar, contribui para a resiliência dos sistemas alimentares, reduzindo a dependência de monoculturas e aumentando a disponibilidade de alimentos saudáveis e nutritivos.

4. Promoção do desenvolvimento rural e inclusão social: A agricultura sustentável desempenha um papel importante no desenvolvimento das comunidades rurais, promovendo o emprego, a geração de renda e a melhoria das condições de vida. Ao adotar práticas sustentáveis, a agricultura pode criar oportunidades de trabalho e empreendedorismo, fortalecer a agricultura familiar e promover a inclusão social de grupos marginalizados. Além disso, a agricultura sustentável valoriza os conhecimentos tradicionais e a cultura local, contribuindo para a preservação da identidade cultural das comunidades rurais.

5. Conservação da biodiversidade e serviços ecossistêmicos: A agricultura sustentável contribui para a conservação da biodiversidade e a manutenção dos serviços ecossistêmicos, como a polinização, o controle biológico de pragas e a fertilidade do solo. Isso é essencial para a saúde dos ecossistemas, a preservação da flora e fauna nativas e o equilíbrio dos sistemas agrícolas. Além disso, a preservação da biodiversidade agrícola também é importante para garantir a diversidade genética das culturas e a adaptação às mudanças climáticas.

Em suma, a agricultura sustentável oferece uma série de benefícios econômicos e sociais, que vão desde a melhoria da produtividade e rentabilidade até o fortalecimento do desenvolvimento rural, a promoção da segurança alimentar e a conservação da biodiversidade. Ao adotar práticas sustentáveis, podemos criar sistemas agrícolas mais resilientes, equitativos e capazes de enfrentar os desafios ambientais e sociais do futuro.

Conclusão do Capítulo 1

Ao longo deste capítulo, exploramos a definição e os princípios da sustentabilidade na agricultura. Ficou claro que a sustentabilidade na agricultura vai além da simples produção de alimentos, envolvendo a consideração dos impactos ambientais, sociais e econômicos.

A sustentabilidade na agricultura busca um equilíbrio entre a produção de alimentos, a conservação dos recursos naturais e o bem-estar das comunidades rurais. Ela visa garantir que as práticas agrícolas sejam ecologicamente corretas, economicamente viáveis e socialmente justas.

A conservação dos recursos naturais, como o solo, a água e a biodiversidade, é um pilar fundamental da agricultura sustentável. Ela busca preservar a qualidade do solo, reduzir a contaminação da água, proteger os habitats naturais e promover a diversidade genética das culturas.

Além disso, a sustentabilidade na agricultura também se preocupa com os aspectos sociais, como o respeito aos direitos trabalhistas, a promoção da segurança alimentar, o apoio às comunidades rurais e a inclusão de pequenos agricultores.

A adoção de práticas agrícolas sustentáveis traz uma série de benefícios, como a melhoria da produtividade e rentabilidade, a redução dos riscos ambientais e sociais, o fortalecimento da segurança alimentar, o desenvolvimento rural e a conservação da biodiversidade.

Em resumo, a sustentabilidade na agricultura é um conceito abrangente e essencial para enfrentar os desafios ambientais e sociais relacionados à produção de alimentos. Ao adotar práticas sustentáveis, podemos garantir a viabilidade a longo prazo da agricultura, a saúde dos ecossistemas e o bem-estar das gerações presentes e futuras.

CAPÍTULO 2

CONSERVAÇÃO DO SOLO E ÁGUA

Introdução:

No segundo capítulo do livro, exploraremos a importância da conservação do solo e da água na agricultura sustentável. Abordaremos práticas e técnicas que podem ser adotadas para proteger esses recursos vitais, garantindo a produção de alimentos de forma responsável e duradoura.

2.1 Conservação do solo
2.2 Importância do solo
2.3 Erosão do solo
2.4 Práticas de manejo do solo
2.5 Conservação da água
2.6 Importância da água
2.7 Técnicas de conservação da água
2.8 Manejo de bacias hidrográficas

Conclusão: No final deste capítulo, enfatizaremos a importância da conservação do solo e da água na agricultura sustentável. Ao adotar práticas de manejo do solo e técnicas de conservação da água, os agricultores podem reduzir a degradação do solo, prevenir a erosão, melhorar a fertilidade.

2.1: CONSERVAÇÃO DO SOLO

A conservação do solo desempenha um papel fundamental na agricultura sustentável. Nesta seção, discutiremos a importância da conservação do solo, os principais problemas enfrentados, bem como as práticas e técnicas utilizadas para preservar e melhorar a saúde do solo.

1. Importância da conservação do solo:
   O solo é um recurso essencial para a produção de alimentos, pois fornece suporte físico, água e nutrientes para as plantas. No entanto, o solo está sujeito a diversos problemas que podem comprometer sua fertilidade e produtividade. A conservação do solo é necessária para:

   - Preservar a fertilidade: O solo fértil contém nutrientes essenciais para o crescimento das plantas. Práticas de conservação ajudam a manter a quantidade e disponibilidade desses nutrientes, garantindo a produção sustentável de alimentos.
   - Reduzir a erosão: A erosão do solo ocorre devido à ação do vento e da água, resultando na perda de camadas superficiais do solo. Isso pode levar à perda de nutrientes, diminuição da capacidade de retenção de água e deterioração da estrutura do solo. A conservação do solo visa prevenir a erosão, protegendo o solo contra a perda de sua camada fértil.
   - Melhorar a qualidade da água: O solo desempenha um papel crucial na filtragem e armazenamento da água. Práticas de conservação ajudam a reduzir a contaminação da água por meio do escoamento superficial, evitando a entrada de sedimentos, nutrientes e produtos químicos nos corpos de água.
   - Promover a biodiversidade: O solo abriga uma variedade de organismos, como microorganismos, minhocas e insetos benéficos. A conservação do solo contribui para a manutenção e promoção da biodiversidade, criando um ambiente favorável para esses organismos e auxiliando no equilíbrio ecológico.

2. Principais problemas enfrentados pelo solo:

- Erosão: A erosão do solo é um dos principais problemas enfrentados na agricultura. A remoção da cobertura vegetal, práticas inadequadas de manejo do solo e declividade acentuada podem acelerar a erosão, resultando na perda de nutrientes e matéria orgânica.
- Compactação: A compactação do solo ocorre quando há uma pressão excessiva sobre o solo, resultando na redução da porosidade e da capacidade de infiltração de água e ar. A compactação pode afetar negativamente o crescimento das raízes e a absorção de nutrientes pelas plantas.
- Degradação química: O uso excessivo de fertilizantes químicos e agroquímicos pode causar a degradação química do solo, resultando na alteração do pH, acumulação de sais e contaminação do solo e das águas subterrâneas.

3. Práticas de conservação do solo:

- Plantio direto: Essa técnica envolve o plantio das culturas diretamente sobre a palhada deixada pela cultura anterior, sem a necessidade de aração do solo. Isso ajuda a manter a cobertura

2.2: IMPORTÂNCIA DO SOLO

O solo é um recurso vital para a sustentabilidade da vida na Terra. Nesta seção, abordaremos a importância do solo como base para a agricultura, a sua função na filtragem e armazenamento de água, a sua contribuição para a biodiversidade e a sua capacidade de sequestrar carbono.

1. **Base para a agricultura:** O solo é o meio no qual as plantas cultivadas extraem nutrientes e água para o seu crescimento e desenvolvimento. A agricultura depende diretamente da fertilidade do solo para a produção de alimentos, rações para animais e matérias-primas para a indústria agrícola. Sem solo saudável e fértil, seria impossível sustentar a produção de alimentos em larga escala para alimentar a população mundial crescente.

2. **Filtragem e armazenamento de água:** O solo desempenha um papel crucial na filtragem e armazenamento de água. À medida que a água percola pelo solo, ela é purificada e se torna disponível para as plantas, aquíferos subterrâneos e corpos d'água. O solo atua como uma esponja natural, absorvendo e armazenando água durante períodos de chuva intensa e liberando-a gradualmente durante períodos de seca, contribuindo para a regulação do ciclo hidrológico.

3. **Contribuição para a biodiversidade:** O solo é um habitat diversificado que abriga uma grande variedade de organismos, desde minúsculos microrganismos até insetos, vermes, artrópodes e pequenos mamíferos. Esses organismos desempenham papéis importantes na decomposição da matéria orgânica, na ciclagem de nutrientes e na promoção da saúde do solo. A biodiversidade do solo é essencial para a manutenção da estabilidade dos ecossistemas e a promoção da produtividade agrícola.

4. Sequestro de carbono: O solo tem a capacidade de sequestrar carbono da atmosfera, contribuindo para a mitigação das mudanças climáticas. Através do acúmulo de matéria orgânica no solo, proveniente de restos vegetais e excrementos animais, ocorre a fixação do carbono atmosférico no solo. Práticas agrícolas que promovem a conservação do solo, como o plantio direto e o manejo adequado da cobertura vegetal, podem aumentar significativamente o sequestro de carbono no solo.

A importância do solo na sustentabilidade ambiental, na produção de alimentos e no equilíbrio dos ecossistemas é inegável. É essencial reconhecer a necessidade de conservar e proteger o solo, adotando práticas agrícolas sustentáveis que promovam a sua saúde e fertilidade.

2.3: EROSÃO DO SOLO

A erosão do solo é um dos principais problemas enfrentados na agricultura e na conservação do solo. Nesta seção, vamos explorar os diferentes tipos de erosão do solo, suas causas e impactos, bem como estratégias para prevenir e controlar esse processo erosivo.

1. **Tipos de erosão do solo:**
   - Erosão hídrica: É causada pela ação da água, principalmente pela chuva. A água em excesso pode desagregar e carregar as partículas do solo, resultando em sulcos, ravinas e perda de camadas superficiais do solo.
   - Erosão eólica: É causada pelo vento, que carrega as partículas de solo seco e desprotegido. A erosão eólica é comum em áreas áridas e semiáridas, onde a vegetação é escassa.
   - Erosão laminar: É a erosão uniforme e contínua que ocorre na camada superficial do solo, sem formação de sulcos visíveis. A erosão laminar pode ocorrer devido ao escoamento da água, especialmente em terrenos inclinados.

2. **Causas da erosão do solo:**
   - Remoção da vegetação: O desmatamento e a remoção da cobertura vegetal deixam o solo exposto, tornando-o suscetível à erosão. A vegetação ajuda a proteger o solo contra a ação direta da chuva e do vento, reduzindo sua erosão.
   - Práticas agrícolas inadequadas: O uso excessivo de maquinário, o revolvimento excessivo do solo, a falta de rotação de culturas e a ausência de práticas de conservação contribuem para a erosão do solo.
   - Declive do terreno: Áreas com declive acentuado são mais propensas à erosão do solo, uma vez que a água e o vento têm maior velocidade de escoamento.

3. **Impactos da erosão do solo:**

- Perda de nutrientes: A erosão remove a camada superficial do solo, onde estão concentrados nutrientes essenciais para o crescimento das plantas. Isso resulta na diminuição da fertilidade do solo e na redução da produtividade agrícola.

- Assoreamento de corpos d'água: O solo erodido pode ser transportado para rios, lagos e reservatórios, causando o assoreamento desses corpos d'água. Isso reduz a capacidade de armazenamento de água, prejudica a qualidade da água e afeta os ecossistemas aquáticos.

- Perda de biodiversidade: A erosão do solo afeta negativamente a biodiversidade, pois muitos organismos vivem no solo ou dependem dele para sobreviver. A perda de solo fértil e de habitats saudáveis pode resultar na diminuição da diversidade biológica.

4. **Estratégias de prevenção e controle da erosão do solo:**

- Plantio de cobertura: O uso de culturas de cobertura, como leguminosas e gramíneas, ajuda a proteger o solo contra a erosão, mantendo-o coberto durante períodos em que a área principal de cultivo está sem plantas.

- Terraceamento: A construção de terraços ou curvas de nível em áreas de declive ajuda a reduzir a velocidade do escoamento da água, permitindo que ela seja retida no solo e evitando a erosão em sulcos.

- Controle da erosão hídrica: Práticas como a construção de barragens, bacias de retenção e sistemas de drenagem adequados ajudam a controlar o escoamento da água e reduzir a erosão hídrica.

- Manejo adequado do solo: Evitar o revolvimento excessivo do solo, adotar técnicas de plantio direto, usar sistemas agroflorestais e promover a conservação da matéria orgânica são medidas que contribuem para a saúde do solo e a redução da erosão.

A prevenção e o controle da erosão do solo são fundamentais para a sustentabilidade da agricultura e a preservação dos recursos naturais. Ao implementar práticas de conservação do solo, os agricultores podem reduzir a perda de solo fértil, melhorar a produtividade agrícola e proteger os ecossistemas locais.

2.4: PRÁTICAS DE MANEJO DO SOLO

Nesta seção, vamos explorar algumas práticas de manejo do solo que são essenciais para promover a sustentabilidade na agricultura. Essas práticas visam preservar e melhorar a qualidade do solo, garantindo sua fertilidade, estrutura e capacidade de retenção de água.

1. **Análise do solo:** Realizar análises regulares do solo é fundamental para entender suas características e necessidades. Através da análise, é possível determinar o pH do solo, os teores de nutrientes e outros parâmetros importantes. Com base nos resultados, os agricultores podem tomar decisões informadas sobre a adição de fertilizantes e corretivos, ajustando o manejo do solo de acordo com suas necessidades específicas.

2. **Uso de adubos orgânicos:** Os adubos orgânicos, como o esterco animal, resíduos de culturas, compostagem e adubação verde, são importantes para melhorar a fertilidade do solo. Eles fornecem nutrientes essenciais e ajudam a aumentar a matéria orgânica do solo, melhorando sua estrutura, capacidade de retenção de água e atividade biológica.

3. **Uso de adubos minerais de forma equilibrada:** Os adubos minerais podem ser uma ferramenta importante para suprir os nutrientes necessários às plantas. No entanto, é essencial utilizar esses adubos de forma equilibrada, levando em consideração as necessidades específicas das culturas e evitando a aplicação excessiva, que pode resultar em lixiviação e contaminação ambiental.

4. **Rotação de culturas:** A rotação de culturas envolve alternar diferentes espécies de plantas em uma mesma área ao longo do tempo. Essa prática traz uma série de benefícios, como o controle de pragas e doenças, a melhoria da estrutura do solo e a diversificação dos nutrientes requeridos pelas plantas. Além

disso, culturas com diferentes sistemas radiculares ajudam a melhorar a agregação do solo.

5. **Plantio direto:** O plantio direto é uma técnica em que as sementes são plantadas diretamente no solo sem a necessidade de revolvimento do solo. Essa prática reduz a erosão do solo, mantém a cobertura vegetal e contribui para a melhoria da matéria orgânica do solo.

6. **Controle de erosão:** Implementar práticas de controle da erosão é essencial para a manutenção da qualidade do solo. Isso inclui a construção de terraços, curvas de nível, faixas de gramíneas e a utilização de cobertura vegetal para proteger o solo contra a erosão causada pelo vento e pela água.

7. **Monitoramento e manejo da irrigação:** Uma irrigação adequada é crucial para evitar a degradação do solo. O monitoramento das necessidades hídricas das culturas e o uso de técnicas eficientes de irrigação, como a irrigação por gotejamento ou a utilização de sensores de umidade do solo, podem evitar a compactação do solo e o desperdício de água.

Essas práticas de manejo do solo são apenas algumas das muitas estratégias disponíveis para promover a sustentabilidade na agricultura. Ao implementar essas técnicas, os agricultores podem melhorar a produtividade das culturas, preservar a fertilidade do solo e contribuir para a conservação dos recursos naturais.

2.5: CONSERVAÇÃO DA ÁGUA

A conservação da água é um aspecto crucial da agricultura sustentável, especialmente em regiões onde os recursos hídricos são escassos. Nesta seção, exploraremos a importância da conservação da água na agricultura, os desafios relacionados ao uso eficiente da água e algumas práticas para promover a conservação desse recurso vital.

1. **Importância da conservação da água na agricultura:**

- A água é um recurso limitado e essencial para o crescimento das plantas. A agricultura consome uma quantidade significativa de água, e a conservação desse recurso é fundamental para garantir sua disponibilidade a longo prazo.
- A conservação da água na agricultura ajuda a enfrentar os desafios relacionados à escassez hídrica, especialmente em áreas propensas à seca ou com restrições de acesso à água.
- A utilização eficiente da água na agricultura contribui para a sustentabilidade dos sistemas de produção, aumentando a produtividade, reduzindo custos e minimizando o impacto ambiental.

2. **Desafios relacionados ao uso eficiente da água:**

- Escassez hídrica: Em muitas regiões, a disponibilidade de água é limitada, o que requer um uso cuidadoso e eficiente desse recurso na agricultura.
- Ineficiências no sistema de irrigação: Muitos sistemas de irrigação utilizados na agricultura são ineficientes, resultando em perdas significativas de água por evaporação, percolação e escoamento superficial.

- Competição por recursos hídricos: A agricultura muitas vezes compete com outros setores pelo acesso à água, como abastecimento urbano, indústria e ecossistemas naturais.

3. **Práticas para promover a conservação da água:**

- Irrigação eficiente: Utilizar técnicas de irrigação mais eficientes, como a irrigação por gotejamento ou a irrigação por aspersão de baixa pressão, pode reduzir as perdas de água por evaporação e melhorar a distribuição da água para as plantas.
- Manejo da irrigação: Monitorar as necessidades hídricas das plantas e aplicar a quantidade certa de água no momento adequado ajuda a evitar o desperdício de água e a minimizar o estresse hídrico nas culturas.
- Reutilização de água: Captar e reutilizar a água proveniente de sistemas de drenagem, chuva ou águas residuais tratadas pode ser uma estratégia eficaz para reduzir a demanda por água fresca na agricultura.
- Conservação do solo: Práticas de conservação do solo, como o plantio direto e a cobertura vegetal, ajudam a melhorar a capacidade de retenção de água do solo, reduzindo a necessidade de irrigação.
- Manejo da drenagem: Gerenciar a drenagem adequada das áreas irrigadas, evitando o escoamento excessivo de água, pode minimizar as perdas de água e nutrientes.
- Planejamento e gestão integrada da água: Desenvolver planos de manejo da água em nível de bacia hidrográfica, considerando os diferentes usos e demandas, promove uma gestão mais eficiente e equitativa dos recursos hídricos.

A conservação da água na agricultura é fundamental para garantir a sustentabilidade dos sistemas de produção e a disponibilidade desse recurso para as gerações futuras. A implementação de práticas eficientes de uso da água contribui para a preservação dos ecossistemas, a segurança alimentar e a resiliência dos sistemas agrícolas.

2.6: IMPORTÂNCIA DA ÁGUA

A água é um recurso fundamental para a agricultura e desempenha um papel essencial no crescimento e desenvolvimento das plantas. Nesta seção, vamos explorar a importância da água na agricultura e sua relevância para a produção de alimentos e o funcionamento dos sistemas agrícolas.

1. **Necessidade das plantas:** A água é essencial para a vida das plantas, pois desempenha um papel crucial em processos como a fotossíntese, a absorção de nutrientes, o transporte de nutrientes e a transpiração. Sem água adequada, as plantas ficam sujeitas a estresse hídrico, o que pode resultar em menor crescimento, menor produtividade e até mesmo a morte das plantas.

2. **Produção de alimentos:** A agricultura é responsável por produzir alimentos para alimentar a população global, e a água é um fator chave nesse processo. A disponibilidade de água em quantidade e qualidade adequadas é fundamental para o crescimento saudável das culturas, o que influencia diretamente a produtividade e a qualidade dos alimentos produzidos.

3. **Irrigação:** Em muitas regiões, a precipitação pluviométrica não é suficiente para suprir as necessidades hídricas das culturas. Portanto, a irrigação desempenha um papel crucial na garantia de água suficiente para o crescimento das plantas. A irrigação permite o controle do suprimento de água, garantindo que as culturas recebam a quantidade necessária em momentos estratégicos.

4. **Resiliência aos eventos climáticos:** A água também desempenha um papel importante na resiliência dos sistemas agrícolas diante de eventos climáticos extremos, como secas e inundações. Sistemas de armazenamento de água, como represas e

reservatórios, podem ajudar a mitigar os efeitos desses eventos, permitindo o fornecimento contínuo de água às culturas durante períodos de escassez.

5. **Qualidade dos produtos agrícolas:** A água de qualidade é essencial para a produção de alimentos seguros e saudáveis. A irrigação com água de qualidade adequada contribui para a redução de doenças nas plantas, a remoção de resíduos químicos e a manutenção da qualidade nutricional dos alimentos produzidos.

6. **Conservação de ecossistemas:** Além da importância direta para a produção agrícola, a água também desempenha um papel vital na conservação dos ecossistemas naturais. Rios, lagos, pântanos e aquíferos saudáveis são essenciais para a biodiversidade e o equilíbrio dos ecossistemas terrestres e aquáticos.

É fundamental reconhecer a importância da água na agricultura e adotar práticas de uso eficiente desse recurso, garantindo sua disponibilidade tanto para a produção de alimentos como para a conservação dos recursos naturais. O manejo sustentável da água na agricultura é fundamental para enfrentar os desafios da escassez hídrica, preservar os ecossistemas e promover sistemas agrícolas resilientes e produtivos.

2.7: TÉCNICAS DE CONSERVAÇÃO DA ÁGUA

A conservação da água na agricultura envolve a adoção de técnicas e práticas que visam reduzir o desperdício e melhorar a eficiência no uso desse recurso vital. Nesta seção, exploraremos algumas técnicas de conservação da água que podem ser implementadas na agricultura.

1. **Irrigação de precisão:** A irrigação de precisão é uma técnica que visa fornecer água de forma mais precisa e eficiente para as plantas, levando em consideração suas necessidades específicas em termos de quantidade e tempo. Isso pode ser feito por meio de sistemas de irrigação mais avançados, como a irrigação por gotejamento ou a irrigação por micro aspersão, que permitem uma distribuição precisa da água diretamente nas raízes das plantas, reduzindo as perdas por evaporação e escorrimento superficial.

2. **Programação de irrigação baseada em dados climáticos:** A utilização de informações climáticas, como a evapotranspiração da cultura *(ETc)*, pode ajudar os agricultores a programar a irrigação de forma mais eficiente. Ao considerar as condições climáticas atuais e as necessidades hídricas das plantas, os agricultores podem ajustar a quantidade e o momento da irrigação, evitando o excesso ou a falta de água.

3. **Reciclagem e reutilização da água:** A reciclagem e reutilização da água podem ser implementadas em várias etapas do sistema agrícola. Isso inclui a captura e o armazenamento de água de chuva, a utilização de águas residuais tratadas para a irrigação de culturas não comestíveis e a reutilização da água de drenagem.

4. **Manejo da drenagem:** O manejo adequado da drenagem é importante para evitar perdas excessivas de água e nutrientes. Técnicas como a construção de terraços, diques e valas podem ajudar a controlar o escoamento da água e direcioná-la para

áreas onde é necessária, reduzindo as perdas por escorrimento superficial.

5. **Mulching ou cobertura morta**: A utilização de materiais orgânicos ou inorgânicos como cobertura morta sobre o solo pode ajudar a reduzir a evaporação da água, manter a umidade do solo por mais tempo e controlar o crescimento de ervas daninhas. Isso resulta em uma maior eficiência no uso da água, já que menos água é perdida por evaporação.

6. **Manejo adequado do solo:** Práticas de conservação do solo, como o plantio direto, a adição de matéria orgânica e a melhoria da estrutura do solo, contribuem para a conservação da água. Solos saudáveis e bem estruturados têm uma maior capacidade de retenção de água, reduzindo a necessidade de irrigação frequente.

7. **Rotação de culturas:** A rotação de culturas pode ajudar a otimizar o uso da água, pois diferentes culturas têm diferentes demandas hídricas. Ao alternar culturas com diferentes requisitos de água, é possível reduzir o estresse hídrico e maximizar o uso eficiente da água disponível.

A implementação dessas técnicas de conservação da água na agricultura não apenas reduz o desperdício de água, mas também contribui para a sustentabilidade dos sistemas agrícolas, a proteção dos recursos hídricos e a mitigação dos impactos ambientais negativos. Ao adotar práticas de conservação da água, os agricultores podem enfrentar os desafios da escassez hídrica e promover a eficiência e a produtividade sustentável de suas operações agrícolas.

2.8 MANEJO DE BACIAS HIDROGRÁFICAS

O manejo adequado das bacias hidrográficas desempenha um papel fundamental na conservação da água e na promoção da sustentabilidade dos recursos hídricos. Nesta seção, abordaremos a importância do manejo de bacias hidrográficas na agricultura sustentável e algumas práticas que podem ser adotadas nesse contexto.

1. **Compreensão das bacias hidrográficas:** Uma bacia hidrográfica é uma área de terra que drena a água para um único ponto, como um rio, lago ou oceano. É essencial compreender a dinâmica e os processos das bacias hidrográficas, incluindo a forma como a água flui e interage com o solo, as plantas, a fauna e as atividades humanas.

2. **Planejamento e gestão integrada:** O manejo de bacias hidrográficas envolve o planejamento e a gestão integrada de recursos hídricos em toda a área da bacia. Isso requer a cooperação e o envolvimento de diferentes partes interessadas, incluindo agricultores, autoridades locais, agências governamentais, comunidades locais e organizações da sociedade civil.

3. **Conservação de nascentes e áreas de recarga:** As nascentes e as áreas de recarga são pontos cruciais para a disponibilidade de água na bacia hidrográfica. A conservação dessas áreas é fundamental para garantir a quantidade e a qualidade da água disponível. Isso pode ser feito por meio de práticas de conservação do solo, reflorestamento, controle da erosão e restrição de atividades que possam comprometer a integridade dessas áreas.

4. **Controle da poluição hídrica:** O controle da poluição hídrica é essencial para manter a qualidade da água na bacia hidrográfica.

Isso envolve a adoção de boas práticas agrícolas, como o uso adequado de fertilizantes e pesticidas, o tratamento adequado de resíduos e o controle de atividades industriais que possam afetar negativamente a qualidade da água.

5. **Medidas de conservação e armazenamento de água:** O manejo de bacias hidrográficas também pode incluir a implementação de medidas de conservação e armazenamento de água. Isso pode ser feito por meio da construção de barragens, represas, açudes e sistemas de armazenamento de água, que ajudam a regular o fluxo de água e fornecem reservas estratégicas para períodos de escassez.

6. **Educação e conscientização:** A educação e a conscientização são aspectos essenciais do manejo de bacias hidrográficas. É importante envolver e informar as comunidades locais, os agricultores e outros usuários de água sobre a importância da conservação da água, as práticas agrícolas sustentáveis e os impactos de suas ações na qualidade e na disponibilidade da água.

Ao implementar um manejo adequado das bacias hidrográficas, é possível promover a conservação da água, a proteção dos ecossistemas aquáticos, a resiliência dos sistemas agrícolas e a sustentabilidade dos recursos hídricos em longo prazo. O manejo integrado e participativo das bacias hidrográficas é fundamental para garantir a disponibilidade contínua de água de qualidade para as atividades agrícolas e o bem-estar das comunidades que dependem desses recursos hídricos.

Conclusão do Capítulo 2

O Capítulo 2 explorou a importância da conservação do solo e da água na agricultura sustentável. Foi destacada a relevância desses recursos naturais para a produtividade agrícola, a preservação do meio ambiente e a garantia da disponibilidade de água para as gerações futuras. Ao longo do capítulo, foram discutidas várias questões relacionadas à conservação do solo e da água, bem como técnicas e práticas que podem ser adotadas para melhorar a eficiência no uso desses recursos.

No que diz respeito à conservação do solo, foram abordados temas como a erosão do solo e suas consequências negativas, bem como práticas de manejo do solo que ajudam a reduzir a erosão e melhorar a qualidade do solo. Além disso, a importância da cobertura do solo, a incorporação de matéria orgânica e a rotação de culturas foram discutidas como estratégias eficazes para a conservação do solo.

Em relação à conservação da água, destacou-se a importância desse recurso para a agricultura e a necessidade de adotar práticas que promovam o uso eficiente da água. Foram mencionadas técnicas como a irrigação de precisão, a reciclagem e reutilização da água, o manejo adequado da drenagem e a cobertura morta do solo. Além disso, o manejo de bacias hidrográficas foi explorado como uma abordagem essencial para a conservação da água, envolvendo o planejamento integrado e a adoção de medidas de controle da poluição e conservação dos recursos hídricos em uma escala mais ampla.

É importante ressaltar que a conservação do solo e da água não apenas contribui para a sustentabilidade da agricultura, mas também desempenha um papel crucial na preservação do meio ambiente e na promoção da resiliência dos sistemas agrícolas. Ao adotar práticas de conservação do solo e da água, os agricultores podem minimizar os impactos negativos da erosão, reduzir o desperdício de água, proteger a qualidade dos recursos hídricos e manter a produtividade das terras agrícolas a longo prazo.

No próximo capítulo, iremos explorar outras práticas e soluções relacionadas à sustentabilidade na agricultura, abordando temas como o uso de energias renováveis, a gestão de resíduos e a promoção da biodiversidade.

CAPÍTULO 3

USO RESPONSÁVEL DE FERTILIZANTES E PESTICIDAS

Introdução:

O Capítulo 3 abordará o uso responsável de fertilizantes e pesticidas na agricultura. Esses insumos desempenham um papel crucial no aumento da produtividade e no controle de pragas e doenças nas culturas, mas seu uso inadequado pode ter impactos negativos no meio ambiente, na saúde humana e na sustentabilidade agrícola. Neste capítulo, exploraremos práticas e estratégias que visam maximizar os benefícios e minimizar os impactos adversos do uso de fertilizantes e pesticidas.

3.1 Fertilizantes

3.2 Pesticidas

3.3 Alternativas aos fertilizantes e pesticidas convencionais

Conclusão: Ao adotar práticas responsáveis no uso de fertilizantes e pesticidas, os agricultores podem maximizar a eficiência na nutrição das plantas e no controle de pragas e doenças, ao mesmo tempo em que minimizam os impactos negativos no meio ambiente e na saúde humana. A conscientização sobre os impactos dos fertilizantes e pesticidas, a implementação de práticas de manejo adequadas e a exploração de alternativas sustentáveis são fundamentais para uma agricultura mais ambientalmente responsável e socialmente viável.

3.1: FERTILIZANTES

Os fertilizantes desempenham um papel crucial na suplementação dos nutrientes essenciais para as plantas, garantindo seu crescimento saudável e a produção agrícola. Nesta seção, abordaremos a importância dos fertilizantes, os diferentes tipos disponíveis e as práticas de manejo adequado.

1. **Importância dos fertilizantes na nutrição das plantas:** Os nutrientes são essenciais para o crescimento das plantas, e muitas vezes o solo não consegue fornecer todos os nutrientes necessários em quantidades adequadas. Os fertilizantes desempenham um papel importante na suplementação desses nutrientes, permitindo que as plantas atinjam seu potencial de crescimento e produtividade.

2. **Tipos de fertilizantes:** Existem diferentes tipos de fertilizantes disponíveis, e a escolha adequada depende das necessidades específicas das plantas e das características do solo. Alguns dos principais tipos de fertilizantes incluem:
- **Fertilizantes orgânicos:** São derivados de substâncias de origem animal ou vegetal, como esterco, compostos orgânicos, farinha de ossos, entre outros. Além de fornecer nutrientes, os fertilizantes orgânicos também melhoram a estrutura e a fertilidade do solo.
- **Fertilizantes sintéticos:** Também conhecidos como fertilizantes químicos, são produzidos por processos industriais e fornecem nutrientes em forma mineral, como nitrato, fosfato e potássio. São mais facilmente solúveis e de liberação rápida, o que permite um suprimento imediato de nutrientes às plantas.

3. **Manejo adequado de fertilizantes:** Para garantir a eficiência e minimizar os impactos negativos dos fertilizantes, é importante adotar práticas de manejo adequadas. Algumas recomendações incluem:

- **Análise do solo:** Realizar análises periódicas do solo para avaliar seus níveis de nutrientes e determinar as necessidades específicas de fertilização.
- **Dosagem correta:** Aplicar os fertilizantes na dose recomendada, levando em consideração as exigências das culturas e a capacidade do solo de reter nutrientes.
- **Momento adequado:** Aplicar os fertilizantes quando as plantas têm maior demanda nutricional, evitando desperdícios e perdas.
- **Métodos de aplicação eficientes:** Utilizar métodos de aplicação que maximizem a eficiência, como a aplicação localizada próxima às raízes das plantas ou a utilização de tecnologias de fertirrigação.

Adotar práticas de manejo adequadas dos fertilizantes contribui para a redução da perda de nutrientes por lixiviação, volatilização e erosão, além de otimizar o uso dos recursos e reduzir potenciais impactos negativos no meio ambiente.

Conclusão: O uso responsável dos fertilizantes é essencial para garantir a nutrição adequada das plantas, a produtividade agrícola e a proteção do meio ambiente. Ao escolher os tipos corretos de fertilizantes, utilizar práticas de manejo adequadas e adotar estratégias de fertilização eficientes, os agricultores podem otimizar o uso dos recursos, reduzir desperdícios e minimizar os impactos negativos associados ao uso de fertilizantes. No próximo segmento, abordaremos a seção 3.2: Pesticidas.

3.2: PESTICIDAS

Os pesticidas desempenham um papel importante no controle de pragas e doenças nas lavouras, garantindo a proteção das plantas e a produção agrícola. Nesta seção, discutiremos a importância do controle de pragas e doenças, os diferentes tipos de pesticidas e as práticas para o uso responsável desses produtos.

1. Importância do controle de pragas e doenças: As pragas e doenças representam uma ameaça significativa para as plantas cultivadas, podendo causar danos econômicos e reduzir a produtividade agrícola. O controle adequado desses organismos indesejados é essencial para proteger as plantas e garantir uma colheita saudável.

2. Tipos de pesticidas: Existem diferentes tipos de pesticidas disponíveis, cada um com seu modo de ação específico e alvo de controle. Alguns dos principais tipos de pesticidas incluem:

- Inseticidas: Utilizados para controlar insetos e pragas que se alimentam das plantas cultivadas.
- Fungicidas: Usados para combater doenças fúngicas que podem afetar as plantas e prejudicar seu desenvolvimento.
- Herbicidas: Utilizados para controlar o crescimento de plantas daninhas, que competem por nutrientes, água e luz solar com as culturas.
- Nematicidas: Usados para o controle de nematoides, vermes microscópicos que podem causar danos às raízes das plantas.

3. Uso responsável de pesticidas: Para minimizar os impactos negativos dos pesticidas no meio ambiente, na saúde humana e na biodiversidade, é fundamental adotar práticas responsáveis no seu uso. Algumas recomendações incluem:

- Escolha seletiva de pesticidas: Optar por produtos de baixa toxicidade e que tenham menor impacto nos organismos não-alvo e no meio ambiente.
- Dosagem adequada: Utilizar a dosagem recomendada pelo fabricante, evitando a aplicação excessiva de pesticidas.

- Seguir as instruções de uso: Ler e seguir atentamente as instruções do rótulo do produto, incluindo as orientações sobre a época, a forma de aplicação e as precauções de segurança.
- Monitoramento e avaliação: Realizar um monitoramento constante das pragas e doenças, ajustando as estratégias de controle de acordo com a necessidade. Avaliar os resultados obtidos e fazer as correções necessárias.

4. Alternativas aos pesticidas convencionais: Além do uso de pesticidas convencionais, é importante explorar alternativas mais sustentáveis para o controle de pragas e doenças. Algumas opções incluem:

- Controle biológico: Utilizar organismos naturais, como predadores, parasitoides ou microrganismos benéficos, para controlar as pragas.
- Feromônios e atrativos: Utilizar substâncias químicas específicas para atrair ou confundir as pragas, reduzindo a necessidade de pesticidas.
- Manejo integrado de pragas: Adotar uma abordagem abrangente que combina diferentes estratégias de controle, como o uso de variedades resistentes, rotação de culturas, plantio consorciado e monitoramento regular das pragas.

Conclusão: O uso responsável de pesticidas é essencial para garantir a proteção das plantas cultivadas e a sustentabilidade agrícola. Ao escolher os pesticidas adequados, seguir as práticas de uso responsável e explorar alternativas mais sustentáveis, os agricultores podem controlar efetivamente as pragas e doenças, minimizando os impactos negativos no meio ambiente e na saúde humana.

3.3: ALTERNATIVAS AOS FERTILIZANTES E

PESTICIDAS CONVENCIONAIS

Além do uso responsável de fertilizantes e pesticidas convencionais, existem alternativas mais sustentáveis que visam reduzir a dependência desses insumos químicos e promover uma agricultura mais sustentável. Nesta seção, exploraremos algumas dessas alternativas.

1. **Fertilizantes alternativos:**

- Fertilizantes orgânicos: Os fertilizantes orgânicos, como esterco, compostos orgânicos e restos de culturas, são fontes naturais de nutrientes que melhoram a fertilidade do solo e fornecem nutrientes de forma gradual. Eles contribuem para a melhoria da estrutura do solo e promovem a atividade microbiana benéfica.

- Biofertilizantes: Os biofertilizantes são produtos derivados de microrganismos benéficos, como bactérias fixadoras de nitrogênio e microrganismos solubilizadores de fosfato. Eles ajudam no fornecimento de nutrientes às plantas e estimulam o crescimento radicular.

- **Fertilizantes de liberação lenta**: Esses fertilizantes têm uma liberação gradual de nutrientes ao longo do tempo, fornecendo uma nutrição constante para as plantas. Isso reduz a lixiviação de nutrientes e aumenta a eficiência do uso de fertilizantes.

2. **Controle biológico de pragas**: O controle biológico envolve o uso de organismos vivos, como predadores naturais, parasitoides e patógenos, para controlar as pragas agrícolas. Essa abordagem é mais sustentável, pois reduz a necessidade de pesticidas químicos e promove o equilíbrio natural dos ecossistemas agrícolas.

3. **Rotação de culturas:** A rotação de culturas é uma prática em que diferentes culturas são cultivadas em sequência nos mesmos campos ao longo do tempo. Isso ajuda a controlar pragas e doenças, reduz a erosão do solo, melhora a estrutura do solo e aumenta a biodiversidade.

4. **Manejo integrado de pragas:** O manejo integrado de pragas é uma abordagem que combina várias estratégias de controle de pragas para minimizar o uso de pesticidas químicos. Isso inclui o uso de variedades resistentes a pragas, armadilhas, barreiras físicas, monitoramento regular de pragas e ações corretivas direcionadas.

Essas alternativas visam reduzir os impactos negativos no meio ambiente, promover a saúde do solo, melhorar a biodiversidade e garantir a segurança alimentar a longo prazo.

Conclusão: A adoção de alternativas aos fertilizantes e pesticidas convencionais é fundamental para promover uma agricultura mais sustentável e reduzir os impactos negativos no meio ambiente e na saúde humana. Ao utilizar fertilizantes alternativos, explorar o controle biológico de pragas, implementar a rotação de culturas e adotar o manejo integrado de pragas, os agricultores podem reduzir a dependência de insumos químicos e contribuir para um sistema agrícola mais equilibrado e sustentável.

CAPÍTULO 4
Agricultura de precisão e tecnologias sustentáveis

Introdução:

No Capítulo 4, abordaremos a agricultura de precisão e as tecnologias sustentáveis, que desempenham um papel fundamental na promoção da sustentabilidade na agricultura. Essas abordagens e ferramentas tecnológicas permitem otimizar o uso dos recursos, reduzir o desperdício e maximizar a produtividade agrícola, minimizando os impactos negativos no meio ambiente. Exploraremos as principais tecnologias utilizadas na agricultura de precisão e seus benefícios para um planeta mais verde.

4.1 Agricultura de precisão:

4.2 Tecnologias sustentáveis:

Conclusão: A agricultura de precisão e as tecnologias sustentáveis desempenham um papel essencial na promoção da sustentabilidade na agricultura. Essas abordagens permitem uma gestão mais eficiente dos recursos, reduzindo o desperdício e minimizando os impactos negativos no meio ambiente. A agricultura de precisão, por meio de tecnologias avançadas, proporciona uma produção mais precisa e sustentável, enquanto as tecnologias sustentáveis, como a agricultura orgânica, a agroecologia e a agricultura vertical, oferecem alternativas mais ecológicas e responsáveis. Ao adotar essas tecnologias, os agricultores podem contribuir para um planeta mais verde, produzindo alimentos saudáveis, conservando os recursos naturais e preservando a biodiversidade.

4.1: AGRICULTURA DE PRECISÃO

A agricultura de precisão é uma abordagem inovadora que utiliza tecnologias avançadas para obter informações detalhadas e precisas sobre as condições do solo, das plantas e do ambiente, visando otimizar o manejo agrícola. Nesta seção, exploraremos os princípios da agricultura de precisão, suas tecnologias e os benefícios que ela traz para a sustentabilidade na agricultura.

1. **Princípios da agricultura de precisão:**
   - Monitoramento detalhado: A agricultura de precisão envolve a coleta de dados detalhados sobre o solo, como níveis de nutrientes, pH e umidade, bem como informações sobre as plantas, como tamanho, vigor e crescimento. Esses dados são obtidos por meio de sensores, imagens de satélite, drones e outras tecnologias.
   - Tomada de decisões baseada em dados: Com base nas informações coletadas, os agricultores podem tomar decisões mais precisas e embasadas, como a aplicação personalizada de fertilizantes, irrigação e pesticidas. Isso resulta em uma utilização mais eficiente dos recursos e redução de custos.
   - Manejo por zonas: A agricultura de precisão permite a segmentação do campo em zonas com características semelhantes, como necessidades de nutrientes e água. Essa abordagem possibilita um manejo mais direcionado e personalizado para cada zona, maximizando a produtividade e reduzindo o impacto ambiental.

2. **Tecnologias utilizadas na agricultura de precisão:**
   - Sistemas de informações geográficas (SIG): Os SIG são ferramentas que integram dados geoespaciais, como mapas de solo e relevo, com dados agrícolas, permitindo a análise e o planejamento mais precisos das atividades agrícolas.
   - Sensoriamento remoto e imagens de satélite: Essas tecnologias permitem a coleta de informações sobre a vegetação, a saúde

das plantas e a umidade do solo por meio de imagens obtidas por satélites ou aeronaves não tripuladas (drones).

- Sensores e monitoramento em tempo real: Sensores colocados no solo ou nas plantas podem medir parâmetros como umidade, temperatura, nutrientes e até mesmo a presença de pragas. Esses dados são transmitidos em tempo real, permitindo uma tomada de decisão rápida e precisa.

3. Benefícios da agricultura de precisão:

- Uso eficiente de insumos agrícolas: Com a aplicação precisa de fertilizantes, pesticidas e água, é possível reduzir o desperdício e minimizar a contaminação do meio ambiente. Isso resulta em economia de recursos e redução dos custos de produção.
- Aumento da produtividade: A agricultura de precisão permite uma gestão mais eficiente do campo, identificando áreas com necessidades específicas e aplicando medidas corretivas de forma direcionada. Isso leva a um aumento da produtividade e qualidade dos cultivos.
- Redução da compactação do solo: Com a aplicação direcionada de insumos, é possível evitar o tráfego excessivo de máquinas agrícolas, reduzindo a compactação do solo e preservando sua estrutura e saúde.
- Melhoria da sustentabilidade ambiental: A agricultura de precisão contribui para a redução da lixiviação de nutrientes para corpos d'água, a minimização da emissão de gases de efeito estufa e a conservação da biodiversidade, promovendo uma agricultura mais sustentável e amigável ao meio ambiente.

Conclusão: A agricultura de precisão, por meio de suas tecnologias avançadas e abordagens específicas, desempenha um papel fundamental na promoção da sustentabilidade na agricultura. Ela permite uma gestão mais eficiente dos recursos, uma produção mais direcionada e uma redução dos impactos ambientais negativos. Ao adotar a agricultura de precisão, os agricultores podem obter benefícios significativos, como o uso eficiente de insumos agrícolas, o aumento da produtividade, a redução da compactação do solo e a melhoria da sustentabilidade ambiental. Essa abordagem representa um avanço importante rumo a um sistema agrícola mais sustentável e resiliente.

4.2: TECNOLOGIAS SUSTENTÁVEIS

No Capítulo 4, exploraremos as tecnologias sustentáveis que desempenham um papel crucial na promoção da sustentabilidade na agricultura. Essas abordagens inovadoras visam reduzir o impacto ambiental, preservar os recursos naturais e promover a produção de alimentos saudáveis. Nesta seção, abordaremos algumas dessas tecnologias sustentáveis.

1. **Agricultura orgânica:**
- Princípios da agricultura orgânica: A agricultura orgânica é uma abordagem que se baseia no uso de práticas agrícolas sustentáveis, sem o uso de fertilizantes e pesticidas sintéticos. Ela enfatiza o uso de adubos orgânicos, a rotação de culturas, o controle biológico de pragas e doenças, e a preservação da biodiversidade.
- Benefícios da agricultura orgânica: A agricultura orgânica promove a saúde do solo, preserva a qualidade da água e do ar, e reduz a exposição a resíduos químicos nos alimentos. Além disso, ela contribui para a conservação da biodiversidade e para a sustentabilidade dos sistemas agrícolas.

2. **Agroecologia:**
- Princípios da agroecologia: A agroecologia é uma abordagem que busca integrar os princípios da ecologia no sistema agrícola. Ela enfatiza a diversificação de culturas, a rotação de culturas, a utilização de adubos orgânicos, o controle biológico de pragas e doenças, e o envolvimento ativo das comunidades locais.
- Benefícios da agroecologia: A agroecologia promove a conservação do solo, o aumento da biodiversidade, a redução da dependência de insumos externos e a melhoria da resiliência dos sistemas agrícolas. Ela contribui para a produção de alimentos saudáveis, a preservação dos recursos naturais e a valorização das práticas tradicionais de agricultura.

3. **Agricultura de conservação:**
- Princípios da agricultura de conservação: A agricultura de conservação busca minimizar a perturbação do solo, evitando o revolvimento excessivo e a erosão. Ela enfatiza a cobertura do solo com palhada ou cultivos de cobertura, a adoção de técnicas de plantio direto e a gestão adequada da água.
- Benefícios da agricultura de conservação: A agricultura de conservação contribui para a preservação do solo, a redução da erosão, a conservação da umidade do solo e a melhoria da saúde dos ecossistemas agrícolas. Ela também pode levar a economias de custos, através da redução da necessidade de aragem e do uso de combustíveis.

4. **Agricultura vertical:**
- Princípios da agricultura vertical: A agricultura vertical envolve o cultivo de plantas em estruturas verticais, como prédios ou estufas, usando sistemas de iluminação artificial e controle preciso de nutrientes e água. Essa abordagem permite o uso eficiente do espaço, a redução do consumo de água e a produção o ano todo, independentemente das condições climáticas externas.
- Benefícios da agricultura vertical: A agricultura vertical oferece a possibilidade de produção local de alimentos, reduzindo a dependência de importações e o transporte de longa distância. Além disso, ela utiliza menos terra, água e energia em comparação com a agricultura convencional, e pode ser integrada em áreas urbanas, contribuindo para a segurança alimentar e a sustentabilidade.

Conclusão: As tecnologias sustentáveis desempenham um papel fundamental na promoção da sustentabilidade na agricultura. A agricultura orgânica, a agroecologia, a agricultura de conservação e a agricultura vertical são apenas algumas das abordagens inovadoras que estão sendo adotadas em todo o mundo. Essas tecnologias proporcionam benefícios significativos, como a preservação dos recursos naturais, a produção de alimentos saudáveis, a conservação da biodiversidade e a redução do impacto ambiental. Ao implementar essas tecnologias, os agricultores podem contribuir para um sistema agrícola mais sustentável, resiliente e responsável.

CAPÍTULO 5
Agroecologia e sistemas agroflorestais

Introdução:

No Capítulo 5, exploraremos os conceitos de agroecologia e sistemas agroflorestais, que são abordagens inovadoras e sustentáveis para a agricultura. Essas práticas têm como objetivo principal a integração harmoniosa entre a produção agrícola e a preservação dos ecossistemas naturais. Nesta seção, discutiremos os princípios da agroecologia, os benefícios dos sistemas agroflorestais e exemplos práticos de sua implementação.

5.1 Agroecologia:
5.2 Sistemas agroflorestais:
5.3 Exemplos práticos:

Conclusão: A agroecologia e os sistemas agroflorestais representam abordagens inovadoras e esperançosas para a agricultura. Essas práticas promovem uma integração harmoniosa entre a produção agrícola e a preservação dos ecossistemas naturais, garantida para a sustentabilidade, a resiliência e a segurança alimentar. Ao implementar a agroecologia e os sistemas agroflorestais, os agricultores podem obter benefícios biológicos, sociais e ambientais, além de contribuir para a conservação dos recursos naturais e a melhoria da qualidade de vida das comunidades rurais.

5.1: AGROECOLOGIA

A agroecologia é uma abordagem que busca integrar os princípios da ecologia e da sustentabilidade na agricultura. Ela se baseia na compreensão dos processos ecológicos e na preservação dos conhecimentos tradicionais dos agricultores, visando promover sistemas agrícolas mais equilibrados e resilientes. Nesta seção, exploraremos os princípios da agroecologia e suas práticas fundamentais.

5.1.1 Princípios da agroecologia:

1. **Diversidade:** A agroecologia valoriza a diversidade de culturas, espécies e variedades, reconhecendo que a monocultura é mais vulnerável a pragas, doenças e mudanças ambientais. A diversificação promove a resiliência do sistema agrícola, reduz a dependência de agroquímicos e aumenta a segurança alimentar.
2. **Rotação de culturas:** A rotação de culturas é uma prática essencial na agroecologia, que consiste em alternar diferentes culturas em uma mesma área ao longo do tempo. Isso ajuda a evitar o esgotamento do solo, controlar o desenvolvimento de pragas e doenças e melhorar a fertilidade do solo.
3. **Adubação orgânica:** A agroecologia promove o uso de adubos orgânicos, como esterco, compostagem e adubos verdes, em substituição aos fertilizantes químicos. Essa prática melhora a fertilidade do solo, aumenta a disponibilidade de nutrientes de forma gradual e reduz os impactos negativos no meio ambiente.
4. **Controle biológico de pragas e doenças:** Em vez de depender exclusivamente de pesticidas químicos, a agroecologia valoriza o controle biológico de pragas e doenças. Isso envolve o uso de predadores naturais, como insetos e aves, e o estímulo ao equilíbrio ecológico no agro ecossistema.

5. **Integração entre agricultura e natureza:** A agroecologia busca promover a harmonia entre a agricultura e os ecossistemas naturais. Isso inclui a criação de áreas de preservação, corredores ecológicos e proteção da biodiversidade, reconhecendo que a diversidade de espécies é fundamental para a saúde do sistema agrícola.

5.1.2 Práticas agroecológicas:

1. Agricultura orgânica: A agricultura orgânica é uma prática agroecológica que se baseia no uso de insumos naturais e na manutenção de pesticidas sintéticos e organismos geneticamente modificados *(OGMs)*. Ela valoriza a saúde do solo, a biodiversidade e a qualidade dos alimentos produzidos.
2. Agro florestas: As agros florestas são sistemas agroecológicos que combinam árvores, cultivos agrícolas e criação de animais em uma mesma área. Elas promovem a diversidade de espécies, melhoram a fertilidade do solo, aumentam a captura de carbono e fornecem múltiplos produtos.
3. Manejo integrado de pragas: O manejo integrado de pragas é uma estratégia agroecológica que envolve o monitoramento e controle de pragas e doenças de forma integrada. Isso inclui a utilização de métodos biológicos, culturais e mecânicos, além do uso criterioso de pesticidas, apenas quando necessário.

Conclusão: A agroecologia oferece uma abordagem sustentável e integrada para a agricultura, promovendo a diversidade, a resiliência e a harmonia entre os sistemas agrícolas e os ecossistemas naturais. Ao adotar os princípios e práticas agroecológicas, os agricultores podem reduzir os impactos ambientais, aumentar a produtividade de forma sustentável, preservar a biodiversidade e produzir alimentos saudáveis. Além disso, a agroecologia fortalece as comunidades rurais, valorizando seus conhecimentos tradicionais e promovendo a soberania alimentar.

5.2: SISTEMAS AGROFLORESTAIS

Os sistemas agroflorestais *(SAFs)* são abordagens agrícolas que combinam árvores, culturas agrícolas e criação de animais em uma mesma área, de maneira planejada e integrada. Esses sistemas são projetados para imitar as interações ecológicas encontradas em ecossistemas florestais, visando promover a produtividade sustentável, a conservação dos recursos naturais e a diversidade biológica.

5.2.1 Princípios dos sistemas agroflorestais:

- Diversidade: Os sistemas agroflorestais valorizam a diversidade de espécies, tanto de árvores como de culturas agrícolas e animais. Essa diversidade promove interações benéficas entre os componentes do sistema, aumentando a resiliência e a estabilidade.
- Sinergia: Os componentes do sistema agroflorestal são selecionados de forma a promover sinergias entre eles, ou seja, interações positivas que beneficiam o crescimento e desenvolvimento das plantas e animais envolvidos. Por exemplo, árvores fornecendo sombra e proteção para culturas agrícolas.
- Ciclagem de nutrientes: A ciclagem eficiente de nutrientes é um elemento-chave dos sistemas agroflorestais. As árvores podem extrair nutrientes mais profundos do solo e depositá-los na superfície por meio de suas folhas e frutos, enriquecendo o solo e beneficiando as culturas agrícolas.
- Sucessão ecológica: Os sistemas agroflorestais podem ser planejados em diferentes estágios de sucessão ecológica, ou seja, o processo natural de evolução dos ecossistemas. Isso permite o aproveitamento de diferentes nichos ecológicos ao longo do tempo, aumentando a eficiência produtiva e a resiliência do sistema.

5.2.2 Tipos de sistemas agroflorestais:

- Agro floresta tropical: Caracterizada pela combinação de árvores frutíferas, árvores madeireiras, cultivos agrícolas e criação de animais em uma mesma área. Esse tipo de sistema agroflorestal visa fornecer alimentos, madeira e outros produtos, além de promover a conservação dos recursos naturais.
- Agro floresta temperada: Encontrada em regiões com climas temperados, esse tipo de sistema agroflorestal combina árvores frutíferas, árvores de madeira nobre, hortaliças e criação de animais. O objetivo é obter uma produção diversificada e sustentável, aproveitando as condições climáticas da região.
- Silvo pastoril: Essa abordagem integra árvores, pastagens e criação de animais. As árvores fornecem sombra e alimento para os animais, enquanto as pastagens se beneficiam dos nutrientes liberados pelas árvores, resultando em uma produção de carne, leite ou lã mais sustentável.
- Agrossilvicultura: Combinação de árvores e cultivos agrícolas em um mesmo sistema. As árvores podem ser utilizadas para sombreamento, fixação de nitrogênio, produção de madeira ou frutas, enquanto os cultivos agrícolas são cultivados no espaço disponível entre as árvores.

Conclusão: Os sistemas agroflorestais representam uma abordagem sustentável e integrada para a agricultura, que visa combinar árvores, cultivos agrícolas e criação de animais em um mesmo sistema. Esses sistemas promovem a diversidade, a conservação dos recursos naturais, a produtividade sustentável e a resiliência dos sistemas de produção. Além disso, os sistemas agroflorestais contribuem para a mitigação das mudanças climáticas, a melhoria da qualidade do solo e a preservação da biodiversidade. Ao adotar essas práticas, os agricultores podem obter benefícios econômicos, sociais e ambientais, ao mesmo tempo em que contribuem para a construção de um sistema agrícola mais sustentável.

5.3: EXEMPLOS PRÁTICOS

A agroecologia é uma abordagem agrícola que busca integrar os princípios ecológicos com práticas agrícolas sustentáveis. Aqui estão alguns exemplos práticos de aplicação da agroecologia:

1. **Agricultura orgânica:** A agricultura orgânica é um exemplo comum de prática agroecológica. Ela envolve o uso de métodos naturais de controle de pragas e doenças, como a utilização de compostos orgânicos, rotação de culturas, adubação verde e manejo integrado de pragas. Além disso, é evitado o uso de pesticidas químicos e fertilizantes sintéticos.

2. **Agricultura biodinâmica:** A agricultura biodinâmica vai além dos princípios da agricultura orgânica, incorporando também conceitos espirituais e energéticos. Ela utiliza preparados específicos para melhorar a qualidade do solo e a vitalidade das plantas, como o composto biodinâmico e as preparações à base de plantas. A agricultura biodinâmica considera ainda os ritmos cósmicos e lunares em suas práticas.

3. **Permacultura:** A permacultura é um sistema de design baseado em princípios da ecologia e sustentabilidade. Ela busca criar sistemas agrícolas permanentes, que sejam produtivos, resilientes e autossustentáveis. A permacultura integra diferentes elementos, como plantas, animais, construções e sistemas de água, de forma a maximizar as interações positivas entre eles.

4. **Agro floresta:** A agroflorestal é uma prática agroecológica que combina árvores, cultivos agrícolas e/ou criação de animais em um mesmo sistema. Ela se baseia nos princípios da sucessão ecológica, diversidade e ciclagem de nutrientes. As árvores fornecem sombra, proteção, alimento e melhoram a fertilidade do solo, enquanto as culturas agrícolas são cultivadas entre as árvores.

5. **Agricultura de conservação:** A agricultura de conservação é uma abordagem agroecológica que visa reduzir a erosão do solo, melhorar sua fertilidade e conservar a água. Ela envolve a adoção

de práticas como o plantio direto, a cobertura do solo com palhada, o uso de culturas de cobertura e a rotação de culturas. Essas práticas contribuem para a melhoria da estrutura do solo, a conservação da umidade e a redução do uso de agroquímicos. Esses exemplos ilustram diferentes aplicações da agroecologia na agricultura, cada um com suas características específicas. A agroecologia busca promover a sustentabilidade, a biodiversidade, a justiça social e a resiliência dos sistemas de produção agrícola, em harmonia com os princípios ecológicos.

CAPÍTULO 6
Agricultura Urbana e Periurbana

Introdução:

O capítulo 6 aborda o tema da agricultura urbana e periurbana, que se refere à prática de cultivar alimentos e realizar atividades agrícolas em áreas urbanas e nas proximidades das cidades. Essa forma de agricultura tem se tornado cada vez mais relevante devido ao crescimento populacional, à urbanização e à necessidade de garantir o acesso a alimentos saudáveis e sustentáveis nas áreas urbanas.

6.1 Agricultura urbana

6.2 Hortas comunitárias

6.3 Agricultura em espaços verticais

6.4 Agricultura periurbana

6.5 Agricultura de proximidade

Conclusão:

O capítulo 6 destacou a importância da agricultura urbana e periurbana como uma resposta aos desafios alimentares e ambientais nas áreas urbanas. A agricultura urbana permite que as pessoas cultivem alimentos em espaços limitados, promovendo a segurança alimentar, a saúde e a resiliência das comunidades. Por outro lado, a agricultura periurbana desempenha um papel fundamental na provisão de alimentos frescos para as cidades, na preservação das áreas verdes e na proteção dos recursos naturais. Ambas as formas de agricultura contribuem para a construção de sistemas alimentares mais sustentáveis, saudáveis e resilientes nas áreas urbanas e periurbanas.

6.1: AGRICULTURA URBANA

A agricultura urbana refere-se ao cultivo de alimentos em áreas urbanas, como quintais, varandas, telhados, terrenos baldios e parques urbanos. Essa prática permite que os moradores das cidades produzam seus próprios alimentos, promovendo a segurança alimentar, a saúde e o bem-estar. Além disso, a agricultura urbana contribui para a redução da pegada ecológica, a melhoria do ambiente urbano, a educação ambiental e a construção de comunidades mais resilientes.

6.1.1 Benefícios da agricultura urbana

- Segurança alimentar: A agricultura urbana contribui para a segurança alimentar, fornecendo alimentos frescos e saudáveis diretamente para as comunidades urbanas. Isso reduz a dependência de alimentos transportados de longas distâncias, garantindo acesso a alimentos nutritivos.
- Conexão com a natureza: A agricultura urbana proporciona uma oportunidade para as pessoas se reconectarem com a natureza e se envolverem na produção de alimentos. Isso promove um senso de pertencimento e bem-estar emocional.
- Sustentabilidade ambiental: A agricultura urbana pode reduzir a pegada ecológica das cidades, diminuindo a necessidade de transporte de alimentos e o uso de recursos naturais, como água e energia. Além disso, práticas sustentáveis, como compostagem e reciclagem de resíduos, podem ser implementadas na agricultura urbana.
- Melhoria da qualidade do ar: A presença de plantas na cidade ajuda a melhorar a qualidade do ar, absorvendo dióxido de carbono e liberando oxigênio. A agricultura urbana contribui para aumentar a vegetação urbana e reduzir os impactos negativos da poluição do ar.
- Fortalecimento da comunidade: A agricultura urbana promove o engajamento comunitário e a cooperação entre os moradores. Projetos de agricultura urbana podem reunir pessoas de

diferentes origens e idades, fortalecendo os laços sociais e gerando um senso de comunidade.

6.1.2 Desafios da agricultura urbana:

- Restrição de espaço: As áreas urbanas geralmente têm limitações de espaço, o que pode dificultar a implementação de projetos de agricultura urbana em larga escala. No entanto, soluções criativas, como o uso de recipientes e estruturas verticais, podem ajudar a maximizar o uso do espaço disponível.
- Disponibilidade de terras: Encontrar terrenos adequados e acessíveis para a prática da agricultura urbana pode ser um desafio em áreas urbanas densamente povoadas. A busca por parcerias com proprietários de terrenos ou o aproveitamento de espaços subutilizados podem ser estratégias para superar essa limitação.
- Contaminação do solo: Em áreas urbanas, a contaminação do solo por poluentes pode ser um problema. É necessário realizar análises e adotar medidas de remediação adequadas para garantir que os alimentos cultivados sejam seguros para o consumo.
- Questões legais e regulatórias: Em alguns casos, a agricultura urbana pode enfrentar desafios legais e regulatórios. É importante conhecer e seguir as normas locais e obter as autorizações necessárias para realizar as atividades agrícolas nas áreas urbanas.

Conclusão: A agricultura urbana desempenha um papel importante na promoção da segurança alimentar, na melhoria da qualidade de vida e na sustentabilidade ambiental das comunidades urbanas. Apesar dos desafios, o crescimento da agricultura urbana mostra que é possível cultivar alimentos em ambientes urbanos e criar um senso de conexão com a natureza dentro das cidades. A implementação de políticas de apoio, o engajamento da comunidade e a adoção de práticas sustentáveis são fundamentais para o desenvolvimento e expansão da agricultura urbana.

6.2: HORTAS COMUNITÁRIAS

Hortas comunitárias são espaços de cultivo de alimentos compartilhados por membros de uma comunidade. Essas hortas são geralmente estabelecidas em áreas urbanas e permitem que os membros da comunidade cultivem seus próprios alimentos de forma coletiva, promovendo a segurança alimentar, a educação alimentar, o trabalho em equipe e o fortalecimento da comunidade.

6.2.1 Benefícios das hortas comunitárias:

- Acesso a alimentos frescos e saudáveis: As hortas comunitárias fornecem acesso a alimentos frescos, nutritivos e cultivados localmente. Isso é especialmente importante em áreas urbanas onde o acesso a alimentos saudáveis pode ser limitado.
- Promoção da segurança alimentar: As hortas comunitárias ajudam a suplementar a dieta das famílias, reduzindo a dependência de alimentos comprados em supermercados. Isso é especialmente relevante para famílias de baixa renda que podem enfrentar dificuldades para obter alimentos de qualidade.
- Educação alimentar: As hortas comunitárias oferecem oportunidades educacionais, permitindo que as pessoas aprendam sobre cultivo de alimentos, nutrição, manejo do solo e práticas agrícolas sustentáveis. Isso promove a conscientização sobre a importância de uma alimentação saudável e sustentável.
- Fortalecimento da comunidade: As hortas comunitárias reúnem pessoas de diferentes origens e idades, fortalecendo os laços sociais e promovendo a cooperação e o compartilhamento de conhecimentos. Esses espaços podem criar um senso de pertencimento e construir uma comunidade mais unida.
- Benefícios ambientais: As hortas comunitárias contribuem para a melhoria do meio ambiente urbano. Elas ajudam a reduzir a pegada de carbono, promovem a biodiversidade e podem ser uma forma de recuperação de áreas degradadas.

6.2.2 Desafios das hortas comunitárias:

- Disponibilidade de terra: Encontrar e obter acesso a terras adequadas para estabelecer hortas comunitárias pode ser um desafio em áreas urbanas, onde a demanda por espaço é alta. É importante obter o apoio de autoridades locais e proprietários de terra para a implementação desses projetos.
- Manutenção e gestão: As hortas comunitárias requerem esforço e trabalho contínuo para manter o espaço limpo, lidar com pragas e doenças, e garantir a distribuição justa e equitativa dos recursos entre os participantes. A gestão eficaz é essencial para o sucesso desses empreendimentos.
- Participação e engajamento: O envolvimento ativo dos membros da comunidade é fundamental para o funcionamento das hortas comunitárias. É importante garantir que haja um interesse contínuo e que os participantes compartilhem responsabilidades e se comprometam com o cuidado do espaço.
- Questões de segurança: Em algumas áreas urbanas, a segurança pode ser uma preocupação. É necessário implementar medidas para garantir a segurança dos participantes e a proteção das plantações.

Conclusão: As hortas comunitárias desempenham um papel significativo na promoção da segurança alimentar, na educação alimentar e no fortalecimento da comunidade. Elas oferecem uma oportunidade para que as pessoas se conectem com a natureza, aprendam sobre cultivo de alimentos e construam laços com os vizinhos. Apesar dos desafios envolvidos, as hortas comunitárias podem ser implementadas com sucesso com o apoio adequado da comunidade e das autoridades locais.

6.3: AGRICULTURA EM ESPAÇOS VERTICAIS

A agricultura em espaços verticais, também conhecida como agricultura vertical ou agricultura em paredes verdes, é uma prática que envolve o cultivo de plantas em estruturas verticais, como paredes, torres ou estantes. Essa abordagem inovadora permite o aproveitamento eficiente do espaço, especialmente em áreas urbanas com restrições de terra.

6.3.1 Benefícios da agricultura em espaços verticais:

- Maximização do uso do espaço: A agricultura vertical permite cultivar plantas em áreas verticais, otimizando o uso do espaço disponível. Isso é particularmente valioso em ambientes urbanos densamente povoados, onde o espaço horizontal é limitado.
- Aumento da produção de alimentos: Com a agricultura vertical, é possível cultivar uma quantidade maior de plantas em comparação com métodos tradicionais. O empilhamento de camadas de plantas permite um aumento significativo da produção em uma área menor.
- Conservação de recursos: A agricultura vertical requer menos terra, água e energia em comparação com a agricultura convencional. A irrigação pode ser feita de forma precisa e controlada, minimizando o desperdício de água. Além disso, o uso de sistemas de iluminação LED de baixo consumo energético pode reduzir a demanda por eletricidade.
- Proteção contra condições climáticas adversas: A agricultura vertical pode ser realizada em ambientes controlados, como estufas, onde as condições climáticas podem ser ajustadas para atender às necessidades das plantas. Isso permite o cultivo o ano todo, independentemente das condições climáticas externas.
- Redução da pegada de carbono: A agricultura vertical pode contribuir para a redução da pegada de carbono ao reduzir a necessidade de transporte de alimentos de longas distâncias. A produção localizada permite que os alimentos sejam colhidos e

distribuídos mais rapidamente, reduzindo as emissões associadas ao transporte.

6.3.2 Desafios da agricultura em espaços verticais:

- Investimento inicial: A implementação de sistemas de agricultura vertical pode exigir um investimento inicial significativo, especialmente para a aquisição de estruturas, equipamentos e tecnologias necessárias. Isso pode ser um obstáculo para alguns produtores.
- Gestão e manutenção: A agricultura vertical requer cuidados adequados, como monitoramento de nutrientes, controle de pragas e doenças, e manutenção dos sistemas de iluminação e irrigação. A gestão adequada e o conhecimento técnico são essenciais para o sucesso dessa prática.
- Seleção de culturas apropriadas: Nem todas as culturas são adequadas para o cultivo vertical. É importante selecionar plantas que se adaptem bem a esse ambiente e que possam prosperar em condições mais controladas.
- Sustentabilidade a longo prazo: A viabilidade econômica e a sustentabilidade a longo prazo da agricultura vertical ainda estão sendo exploradas. É necessário um planejamento cuidadoso e uma análise adequada dos custos e benefícios antes de iniciar um projeto de agricultura vertical.

Conclusão: A agricultura em espaços verticais é uma abordagem inovadora e promissora para o cultivo de plantas, especialmente em ambientes urbanos. Ela oferece benefícios significativos, como o aproveitamento eficiente do espaço, o aumento da produção de alimentos e a conservação de recursos. No entanto, é importante considerar os desafios associados a essa prática e garantir uma gestão adequada para garantir o sucesso e a sustentabilidade a longo prazo da agricultura em espaços verticais.

6.4: AGRICULTURA PERIURBANA

A agricultura periurbana refere-se à prática de cultivar alimentos e realizar atividades agrícolas em áreas adjacentes ou próximas a áreas urbanas. Essas áreas periurbanas estão localizadas nos arredores das cidades e são caracterizadas por uma interface entre áreas urbanas e rurais.

6.4.1 Benefícios da agricultura periurbana:

- Fornecimento de alimentos frescos e locais: A agricultura periurbana permite o cultivo de alimentos próximos às áreas urbanas, o que facilita o fornecimento de alimentos frescos e de qualidade para a população urbana. Os alimentos produzidos localmente têm um menor tempo de transporte e, portanto, podem ser colhidos e consumidos no auge da frescura.
- Redução da pegada de carbono: Ao reduzir a distância entre a produção de alimentos e os centros urbanos, a agricultura periurbana contribui para a redução das emissões de gases de efeito estufa associadas ao transporte de alimentos de longas distâncias. Isso ajuda a diminuir a pegada de carbono geral da cadeia alimentar.
- Promoção da segurança alimentar: A proximidade entre áreas urbanas e a agricultura periurbana permite uma resposta rápida a eventuais interrupções no abastecimento de alimentos. Em situações de emergência, desastres naturais ou crises, a agricultura periurbana pode fornecer uma fonte local de alimentos, garantindo a segurança alimentar das comunidades urbanas.
- Preservação de áreas verdes: A agricultura periurbana pode ajudar a preservar áreas verdes nas proximidades das cidades, evitando a conversão dessas áreas em espaços urbanizados. Essas áreas agrícolas próximas às cidades desempenham um papel importante na conservação da biodiversidade, na proteção dos recursos naturais e na manutenção do equilíbrio ecológico.

- Estímulo à economia local: A agricultura periurbana pode contribuir para o desenvolvimento econômico local, gerando empregos e oportunidades de negócios nas áreas próximas às cidades. Além disso, a venda direta dos produtos agrícolas aos consumidores locais pode proporcionar um retorno financeiro mais justo para os agricultores.

6.4.2 Desafios da agricultura periurbana:

- Pressão urbana sobre as terras agrícolas: O rápido crescimento urbano pode resultar na conversão de terras agrícolas em áreas urbanas, limitando o espaço disponível para a prática da agricultura periurbana. A pressão urbana também pode levar a conflitos de interesse entre agricultores e desenvolvedores imobiliários.
- Questões de qualidade do solo e poluição: As áreas periurbanas podem estar sujeitas a contaminação do solo e da água devido às atividades urbanas, como descarte inadequado de resíduos, poluição do ar e uso de produtos químicos. Isso pode representar desafios para a produção de alimentos seguros e saudáveis.
- Acesso a recursos e infraestrutura: Os agricultores periurbanos podem enfrentar desafios no acesso a recursos essenciais, como água, energia e infraestrutura agrícola. A falta de infraestrutura adequada, como estradas e mercados, pode dificultar a comercialização dos produtos agrícolas.
- Questões de planejamento urbano: A integração da agricultura periurbana no planejamento urbano requer uma abordagem cuidadosa para equilibrar o desenvolvimento urbano e a preservação das áreas agrícolas. É necessário considerar políticas e regulamentações que promovam a coexistência harmoniosa entre a agricultura e a urbanização.

Conclusão: A agricultura periurbana desempenha um papel importante na promoção da segurança alimentar, no fornecimento de alimentos frescos e locais, na redução da pegada de carbono e na preservação de áreas verdes próximas às cidades. No entanto, existem desafios a serem enfrentados, como a pressão urbana sobre as terras agrícolas e a necessidade de acesso a recursos e infraestrutura adequados. O planejamento urbano integrado e a conscientização sobre a importância da agricultura periurbana são fundamentais para garantir a sua sustentabilidade e benefícios contínuos para as comunidades urbanas.

6.5: AGRICULTURA DE PROXIMIDADE

A agricultura de proximidade, também conhecida como agricultura local, é um sistema agrícola em que os alimentos são cultivados e consumidos em uma área geograficamente próxima. Nesse modelo, os alimentos são produzidos a uma curta distância dos consumidores, geralmente dentro de um raio de 100 km.

6.5.1 Benefícios da agricultura de proximidade:

- Frescor dos alimentos: A principal vantagem da agricultura de proximidade é que os alimentos são colhidos no momento adequado de maturação e chegam aos consumidores com maior frescor. Essa proximidade reduz o tempo entre a colheita e o consumo, o que preserva a qualidade, sabor e valor nutricional dos alimentos.
- Redução da pegada de carbono: A agricultura de proximidade contribui para a redução das emissões de gases de efeito estufa associadas ao transporte de alimentos de longas distâncias. Menos quilômetros percorridos significam menos consumo de combustível fóssil e menor impacto ambiental.
- Apoio à economia local: A agricultura de proximidade fortalece a economia local, gerando empregos e estimulando o comércio regional. Os agricultores locais têm a oportunidade de vender diretamente aos consumidores, eliminando intermediários e aumentando sua margem de lucro.
- Conexão entre produtores e consumidores: A agricultura de proximidade cria uma conexão direta entre produtores e consumidores. Isso permite que os consumidores conheçam a origem dos alimentos, tenham acesso a informações sobre as práticas agrícolas e estabeleçam um relacionamento de confiança com os produtores.
- Promoção da diversidade agrícola: A agricultura de proximidade pode favorecer a produção de variedades locais e tradicionais de culturas agrícolas. Isso ajuda a preservar a diversidade genética e cultural, além de promover a resiliência dos sistemas agrícolas.

6.5.2 Desafios da agricultura de proximidade:

- Limitação de escala de produção: A agricultura de proximidade geralmente envolve propriedades agrícolas menores, o que limita a capacidade de escala de produção. Isso pode dificultar a oferta de grandes volumes de alimentos e atender à demanda em larga escala.
- Dependência sazonal: A agricultura de proximidade está sujeita às variações sazonais e climáticas. Isso pode resultar em oferta limitada de certos alimentos fora da estação de cultivo, exigindo a adoção de estratégias de conservação e diversificação de culturas.
- Competitividade com grandes cadeias de suprimentos: A agricultura de proximidade enfrenta o desafio de competir com grandes cadeias de suprimentos e distribuição que têm maior capacidade de negociação de preços e alcance de mercado.
- Acesso a terras e recursos: Em algumas regiões, o acesso a terras agricultáveis pode ser um desafio para os produtores locais. Além disso, a disponibilidade de recursos, como água e infraestrutura agrícola, pode ser limitada.

Conclusão: A agricultura de proximidade oferece uma série de benefícios, como alimentos mais frescos, redução da pegada de carbono, apoio à economia local e conexão entre produtores e consumidores. No entanto, existem desafios a serem superados, como limitações de escala, dependência sazonal, competição com grandes cadeias de suprimentos e acesso a terras e recursos. Com o apoio adequado, políticas e iniciativas locais, a agricultura de proximidade pode desempenhar um papel importante na promoção da sustentabilidade e na construção de sistemas alimentares mais resilientes e conectados.

CAPÍTULO 7
Agricultura Orgânica e Certificações

Introdução:

O capítulo 7 aborda o tema da agricultura orgânica e as certificações relacionadas a esse sistema de produção. A agricultura orgânica é uma abordagem agrícola sustentável que se baseia no uso de práticas naturais e na exclusão de produtos químicos sintéticos. A certificação orgânica é um processo pelo qual os produtores podem obter reconhecimento oficial de que suas práticas atendem aos padrões estabelecidos para a agricultura orgânica.

7.1 Princípios da agricultura orgânica:
7.2 Saúde do solo
7.3 Ciclos naturais
7.4 Bem-estar animal
7.5 Exclusão de produtos químicos sintéticos
7.2 Certificação orgânica:
7.3 Vantagens da certificação orgânica
7.4 Processo de certificação
7.5 Desafios e perspectivas

Conclusão: O capítulo 7, aborda a agricultura orgânica e as certificações relacionadas, destacando os princípios da agricultura orgânica, o processo de certificação e as vantagens associadas a ele. A agricultura orgânica oferece uma abordagem sustentável para a produção de alimentos, promovendo a saúde do solo, a proteção do meio ambiente e o bem-estar animal. A certificação orgânica fornece aos produtores um reconhecimento oficial de suas práticas e oferece aos consumidores a garantia de que os produtos são produzidos de forma orgânica. Embora haja desafios a serem enfrentados, a agricultura orgânica continua a crescer e desempenha um papel importante na construção de sistemas alimentares mais sustentáveis e saudáveis.

7.1: PRINCÍPIOS DA AGRICULTURA ORGÂNICA

Abordaremos os princípios fundamentais da agricultura orgânica, uma abordagem agrícola que busca produzir alimentos saudáveis, preservar a biodiversidade e minimizar o impacto negativo no meio ambiente. Os princípios da agricultura orgânica são diretrizes que orientam os agricultores a adotarem práticas sustentáveis e regenerativas. Vamos explorar esses princípios com mais detalhes:

1. Saúde: A agricultura orgânica busca promover a saúde do solo, das plantas, dos animais e dos seres humanos. Isso é alcançado através do uso de práticas que evitam o uso de fertilizantes químicos sintéticos, pesticidas e organismos geneticamente modificados. Em vez disso, são incentivados o uso de fertilizantes naturais, o manejo integrado de pragas e doenças e a promoção de sistemas equilibrados e biodiversos.

2. Ecologia: A agricultura orgânica reconhece e valoriza a interdependência entre os seres vivos e o meio ambiente. Ela busca promover a conservação dos recursos naturais, como solo, água e biodiversidade, além de preservar os ciclos e processos naturais. Isso é feito através da implementação de práticas de conservação do solo, manejo da água, rotação de culturas, diversificação de cultivos e proteção da fauna e flora nativas.

3. Equidade: A agricultura orgânica defende a justiça social e a equidade, valorizando as relações justas e respeitosas entre os diversos atores do sistema agrícola, incluindo agricultores, trabalhadores rurais, consumidores e comunidades. Ela busca promover a inclusão, a participação e o acesso igualitário aos benefícios gerados pela produção agrícola sustentável.

4. Cuidado: A agricultura orgânica preza pelo cuidado com a terra, os animais e as pessoas envolvidas no processo produtivo. Isso implica em práticas que evitam a exploração excessiva dos

recursos naturais, o uso de agrotóxicos prejudiciais à saúde humana e a adoção de boas condições de trabalho para os agricultores e trabalhadores rurais.

Esses princípios são a base da agricultura orgânica e orientam a tomada de decisões e a implementação de práticas sustentáveis no sistema agrícola. Ao seguir esses princípios, os agricultores orgânicos buscam criar um equilíbrio entre a produção de alimentos de alta qualidade, a preservação do meio ambiente e o bem-estar das pessoas envolvidas.

A agricultura orgânica é reconhecida internacionalmente e existem certificações específicas que atestam a conformidade com esses princípios. Essas certificações garantem que os alimentos orgânicos atendam a determinados padrões de produção e sejam rastreáveis desde a fazenda até a mesa do consumidor.

Ao escolher produtos orgânicos e apoiar agricultores orgânicos, você está contribuindo para um sistema agrícola mais sustentável e saudável. A agricultura orgânica é uma alternativa viável e promissora para enfrentar os desafios ambientais e de saúde associados à produção de alimentos convencionais.

Lembre-se de que a transição para a agricultura orgânica requer comprometimento, conhecimento e práticas adequadas. Ao adotar os princípios da agricultura orgânica, podemos promover a saúde do planeta, a segurança alimentar e o bem-estar de todas as formas de vida.

7.2: SAÚDE DO SOLO

Na agricultura orgânica, a saúde do solo é um dos aspectos fundamentais e é tratada com grande importância. O solo saudável é a base para a produção de alimentos nutritivos e sustentáveis. Aqui estão algumas práticas e princípios relacionados à saúde do solo na agricultura orgânica:

1. Matéria orgânica: A adição de matéria orgânica ao solo é essencial na agricultura orgânica. Isso pode ser feito através da aplicação de compostos, estercos, restos de culturas e outros materiais orgânicos. A matéria orgânica melhora a estrutura do solo, aumenta sua capacidade de retenção de água e nutrientes, promove a atividade microbiana benéfica e aumenta a biodiversidade do solo.

2. Rotação de culturas: A rotação de culturas é uma prática comum na agricultura orgânica, em que diferentes culturas são plantadas sequencialmente no mesmo campo. Isso ajuda a intercalar os nutrientes exigidos pelas plantas, reduz a incidência de doenças e pragas e melhora a saúde do solo.

3. Cobertura do solo: A manutenção de uma cobertura vegetal sobre o solo é importante para proteger contra a erosão, manter a umidade, reduzir o crescimento de ervas daninhas e melhorar a saúde do solo. Isso pode ser alcançado através do plantio de culturas de cobertura, como leguminosas, gramíneas ou plantas de cobertura específicas.

4. Controle de erosão: A agricultura orgânica enfatiza a implementação de práticas que evitem a erosão do solo, como a construção de terraços, a implantação de curvas de nível e a manutenção de faixas de vegetação ao redor dos campos. Essas práticas ajudam a conservar o solo, evitando sua perda por meio da água ou do vento.

5. Manejo da fertilidade do solo: Na agricultura orgânica, o manejo da fertilidade do solo é baseado em práticas que promovem a ciclagem de nutrientes e evitam a dependência de fertilizantes químicos sintéticos. Isso inclui o uso de fertilizantes orgânicos, como o composto, o esterco e os biofertilizantes, bem como a utilização de técnicas de fixação de nitrogênio, como o plantio de leguminosas.

6. Minimização do uso de agroquímicos: A agricultura orgânica busca minimizar ou eliminar o uso de agroquímicos sintéticos, como pesticidas e herbicidas. Em vez disso, são adotadas práticas de manejo integrado de pragas e doenças, como o uso de barreiras físicas, a rotação de culturas, o controle biológico e o uso de extratos de plantas com propriedades pesticidas naturais.

Ao adotar essas práticas, os agricultores orgânicos promovem a saúde do solo, aumentam sua fertilidade e garantem a produção de alimentos saudáveis e sustentáveis. A saúde do solo é essencial não apenas para a produtividade agrícola, mas também para a conservação do meio ambiente e a saúde humana.

7.2: CICLOS NATURAIS

Na agricultura orgânica, os ciclos naturais desempenham um papel fundamental. A compreensão e a promoção dos ciclos naturais são essenciais para a sustentabilidade e a saúde dos sistemas agrícolas. Aqui estão alguns aspectos relacionados aos ciclos naturais na agricultura orgânica:

1. Ciclo de nutrientes: Na agricultura orgânica, os nutrientes são fornecidos ao solo de forma a promover ciclos naturais. A matéria orgânica é decomposta por organismos do solo, liberando nutrientes essenciais para as plantas. Além disso, a rotação de culturas ajuda a equilibrar os nutrientes utilizados pelas plantas, evitando seu esgotamento.

2. Ciclo da água: A agricultura orgânica valoriza a conservação da água e a promoção de ciclos naturais da água no sistema agrícola. Isso inclui a captura e o armazenamento de água da chuva, a utilização de técnicas de irrigação eficientes, a proteção de nascentes e cursos d'água e a manutenção de áreas de vegetação nativa que ajudam a regular o ciclo hidrológico.

3. Ciclo de carbono: A agricultura orgânica busca maximizar a captura e a retenção de carbono no solo, contribuindo para mitigar as mudanças climáticas. O aumento da matéria orgânica no solo através da adição de resíduos vegetais, cobertura do solo e práticas de compostagem ajuda a sequestrar carbono da atmosfera e a melhorar a estrutura do solo.

4. Ciclo de vida: A agricultura orgânica considera todo o ciclo de vida dos organismos envolvidos no sistema agrícola. Isso inclui a promoção da biodiversidade e a conservação de habitats naturais para plantas, animais e insetos benéficos. A diversificação de cultivos, a criação de áreas de refúgio para a

fauna e a utilização de técnicas de policultivo contribuem para a manutenção de ciclos de vida equilibrados.

Ao trabalhar em harmonia com os ciclos naturais, a agricultura orgânica promove a sustentabilidade, a resiliência e a saúde do sistema agrícola. Ao invés de interromper e desequilibrar os ciclos naturais, a agricultura orgânica os valoriza e os utiliza como aliados para a produção de alimentos saudáveis e a preservação do meio ambiente.

7.3: BEM-ESTAR ANIMAL

Na agricultura orgânica, o bem-estar animal é um princípio fundamental. Reconhece-se a importância de proporcionar condições adequadas e respeitar as necessidades naturais dos animais de criação. Aqui estão alguns aspectos relacionados ao bem-estar animal na agricultura orgânica:

1. Conforto e espaço adequados: Os animais criados em sistemas orgânicos têm acesso a espaços amplos e adequados para se moverem, descansarem e expressarem seus comportamentos naturais. Isso inclui a disponibilidade de áreas de pastagem, locais de descanso confortáveis e instalações que promovem o bem-estar físico e psicológico dos animais.

2. Alimentação natural e balanceada: Os animais criados em sistemas orgânicos são alimentados com uma dieta que atende às suas necessidades nutricionais e é baseada em ingredientes orgânicos e naturais. São incentivados métodos de alimentação que permitem aos animais expressar seus comportamentos naturais de busca e consumo de alimentos.

3. Saúde e cuidados preventivos: A agricultura orgânica valoriza a prevenção de doenças e a promoção da saúde animal por meio de práticas de manejo adequadas. Isso inclui a implementação de medidas preventivas, como a promoção de condições higiênicas, a redução do estresse, a vacinação adequada e a administração de tratamentos naturais quando necessário.

4. Ausência de substâncias químicas sintéticas: Na agricultura orgânica, é proibido o uso de substâncias químicas sintéticas, como hormônios de crescimento e antibióticos preventivos. Em vez disso, são adotadas abordagens naturais para o manejo da saúde dos animais, como a utilização de fitoterápicos, homeopatia e outras terapias naturais.

5. Respeito ao comportamento natural dos animais: Os sistemas orgânicos buscam respeitar o comportamento natural dos animais de criação. Isso inclui permitir que os animais tenham acesso ao ar livre, se movimentem livremente, interajam com outros animais de sua espécie e exibam comportamentos naturais, como ciscar, cavar, voar ou nadar.

A agricultura orgânica considera o bem-estar animal como parte integrante de um sistema agrícola sustentável e ético. Ao garantir condições adequadas, alimentação equilibrada e cuidados preventivos, a agricultura orgânica busca proporcionar aos animais uma vida saudável e digna, contribuindo para a produção de alimentos de alta qualidade e a conservação da biodiversidade.

7.4: EXCLUSÃO DE PRODUTOS QUÍMICOS SINTÉTICOS

Um dos princípios fundamentais da agricultura orgânica é a exclusão de produtos químicos sintéticos. Isso significa que na agricultura orgânica são evitados o uso de pesticidas, herbicidas, fertilizantes químicos sintéticos e outros produtos derivados de síntese química. Em vez disso, são utilizados métodos e substâncias naturais para promover o crescimento saudável das plantas e combater pragas e doenças. Aqui estão alguns aspectos relacionados à exclusão de produtos químicos sintéticos na agricultura orgânica:

1. Manejo integrado de pragas e doenças: A agricultura orgânica adota uma abordagem de manejo integrado de pragas e doenças, que se baseia na prevenção, na monitorização e na utilização de métodos naturais de controle. Isso inclui o uso de práticas culturais adequadas, como rotação de culturas, plantio de culturas de cobertura e seleção de variedades resistentes, bem como o uso de controle biológico, como a introdução de insetos predadores ou parasitoides.

2. Adubação orgânica: Na agricultura orgânica, os fertilizantes químicos sintéticos são substituídos por fertilizantes orgânicos, como o composto, esterco animal, farinhas de ossos, entre outros. Esses fertilizantes orgânicos fornecem nutrientes de maneira mais equilibrada e promovem a saúde do solo, além de minimizarem os riscos de poluição e degradação ambiental.

3. Controle de ervas daninhas: Em vez de utilizar herbicidas químicos, a agricultura orgânica adota métodos mecânicos, como o uso de enxadas, grades, capinas manuais e cobertura do solo com materiais orgânicos. O objetivo é controlar as ervas daninhas de maneira eficaz, sem prejudicar o ambiente e a saúde humana.

4. Proteção da biodiversidade: Ao evitar o uso de produtos químicos sintéticos, a agricultura orgânica contribui para a proteção da biodiversidade. Os pesticidas químicos podem afetar negativamente insetos benéficos, polinizadores e outras formas de vida selvagem. Ao adotar práticas orgânicas, há uma promoção da diversidade biológica e da interação equilibrada entre os diferentes organismos presentes no ecossistema agrícola.

A exclusão de produtos químicos sintéticos na agricultura orgânica busca reduzir os impactos negativos no meio ambiente, na saúde humana e na qualidade dos alimentos. Ao mesmo tempo, promove uma abordagem mais sustentável e equilibrada na produção agrícola, valorizando métodos e substâncias naturais que respeitam a biodiversidade e a saúde do ecossistema.

7.5: CERTIFICAÇÃO ORGÂNICA

A certificação orgânica é um processo pelo qual os produtores agrícolas podem obter o reconhecimento oficial de que suas práticas de produção estão em conformidade com os padrões e regulamentos estabelecidos para a agricultura orgânica. Essa certificação é concedida por organizações credenciadas e garante aos consumidores que os alimentos foram produzidos de acordo com os princípios da agricultura orgânica. Aqui estão alguns aspectos relacionados à certificação orgânica:

1. Padrões e regulamentos: A certificação orgânica é baseada em padrões e regulamentos específicos que definem os critérios e as práticas a serem seguidas pelos produtores. Esses padrões abrangem diversos aspectos, como o uso de fertilizantes orgânicos, a exclusão de produtos químicos sintéticos, o manejo adequado do solo, a proteção da biodiversidade, entre outros. Esses padrões podem variar ligeiramente de acordo com o país ou região.

2. Processo de certificação: O processo de certificação envolve várias etapas, incluindo a aplicação pelo produtor, a inspeção das instalações e práticas agrícolas, a análise de amostras de produtos, a revisão de documentos e registros, entre outros. A certificação é realizada por organismos de certificação credenciados, que são responsáveis por verificar o cumprimento dos padrões estabelecidos.

3. Rotulagem orgânica: A certificação orgânica permite o uso de rótulos específicos que indicam que um produto é orgânico. Esses rótulos geralmente incluem selos ou logotipos reconhecidos que informam aos consumidores que o produto atende aos padrões orgânicos. Essa rotulagem auxilia os consumidores na identificação e na escolha de produtos orgânicos.

4. Benefícios da certificação: A certificação orgânica traz benefícios tanto para os produtores quanto para os consumidores. Para os produtores, a certificação permite a comercialização de seus produtos como orgânicos, agregando valor e abrindo portas para mercados que valorizam alimentos sustentáveis. Para os consumidores, a certificação oferece a garantia de que os alimentos foram produzidos de acordo com práticas orgânicas, atendendo a preocupações com a saúde, o meio ambiente e a sustentabilidade.

5. Monitoramento e renovação: A certificação orgânica não é um processo único, mas um compromisso contínuo. Os produtores certificados estão sujeitos a auditorias regulares e a monitoramento para garantir a conformidade contínua com os padrões orgânicos. A certificação deve ser renovada periodicamente para manter seu status de orgânico.

A certificação orgânica desempenha um papel crucial na transparência e na confiança dos consumidores em relação aos alimentos orgânicos. Ela permite que os produtores demonstrem seu compromisso com a agricultura sustentável e oferece aos consumidores a garantia de que estão adquirindo produtos produzidos de forma responsável e em conformidade com os princípios da agricultura orgânica.

7.6: VANTAGENS DA CERTIFICAÇÃO ORGÂNICA

A certificação orgânica oferece várias vantagens para os produtores, consumidores e o meio ambiente. Aqui estão algumas das principais vantagens da certificação orgânica:

1. Credibilidade e confiança: A certificação orgânica proporciona credibilidade e confiança aos consumidores. Ao exibir o selo ou rótulo de certificação orgânica em seus produtos, os produtores demonstram que suas práticas de produção foram verificadas e estão em conformidade com os padrões estabelecidos. Isso aumenta a confiança dos consumidores na qualidade e autenticidade dos alimentos orgânicos.

2. Acesso a mercados específicos: A certificação orgânica permite o acesso a mercados específicos que valorizam produtos orgânicos. Muitos consumidores procuram ativamente por produtos certificados, o que pode abrir oportunidades para a expansão dos negócios dos produtores orgânicos. Além disso, muitos varejistas e restaurantes exigem a certificação orgânica para fornecedores de produtos orgânicos.

3. Preços premium: Produtos orgânicos certificados geralmente têm preços mais altos do que os convencionais. Isso se deve à maior demanda por produtos orgânicos e ao valor agregado associado à certificação orgânica. Os produtores orgânicos podem se beneficiar de preços premium, o que pode aumentar a rentabilidade de suas operações.

4. Benefícios ambientais: A certificação orgânica promove práticas agrícolas sustentáveis e amigas do meio ambiente. Ao evitar o uso de produtos químicos sintéticos, a agricultura orgânica contribui para a redução da poluição do solo, da água e do ar. Além disso, as práticas de conservação do solo, a rotação de

culturas e a proteção da biodiversidade incentivadas pela certificação orgânica ajudam a preservar os ecossistemas naturais.

5. Saúde do produtor e do consumidor: A exclusão de produtos químicos sintéticos na agricultura orgânica beneficia tanto os produtores quanto os consumidores em termos de saúde. Os produtores não estão expostos a substâncias tóxicas presentes em pesticidas e fertilizantes químicos, enquanto os consumidores se beneficiam ao evitar a ingestão de resíduos químicos nos alimentos. Além disso, os alimentos orgânicos certificados geralmente possuem maior teor de nutrientes e compostos benéficos à saúde.

6. Preservação da biodiversidade: A certificação orgânica incentiva a proteção da biodiversidade agrícola. Ao evitar o uso de pesticidas químicos, a agricultura orgânica preserva os insetos polinizadores, os organismos benéficos do solo e as plantas nativas. Isso ajuda a manter a diversidade genética das culturas e a promover a resiliência dos ecossistemas agrícolas.

A certificação orgânica oferece inúmeras vantagens para os produtores, consumidores e o meio ambiente. Ela promove a sustentabilidade, a saúde e a transparência na produção de alimentos orgânicos, incentivando práticas agrícolas responsáveis e a valorização dos produtos orgânicos no mercado.

7.7: PROCESSO DE CERTIFICAÇÃO

O processo de certificação orgânica envolve várias etapas que devem ser seguidas pelos produtores interessados em obter a certificação para seus produtos. Embora os detalhes exatos possam variar entre as diferentes organizações de certificação e as regulamentações locais, aqui está uma visão geral do processo típico de certificação orgânica:

1. Pesquisa e planejamento: O produtor interessado em obter a certificação orgânica deve iniciar pesquisando e compreendendo os padrões e regulamentos orgânicos aplicáveis em sua região. Isso inclui a familiarização com os requisitos de práticas agrícolas orgânicas, uso de insumos permitidos e procedimentos de registro e documentação.

2. Conversão para práticas orgânicas: Se o produtor já estiver envolvido em práticas convencionais de agricultura, será necessário passar por um período de conversão para se adequar aos padrões orgânicos. Esse período de conversão é necessário para garantir que o solo e os cultivos estejam livres de resíduos químicos e que todas as práticas estejam em conformidade com os requisitos orgânicos.

3. Escolha de uma organização de certificação: O próximo passo é selecionar uma organização de certificação orgânica credenciada. Existem várias organizações reconhecidas internacionalmente que oferecem serviços de certificação orgânica. É importante escolher uma organização confiável que atenda aos requisitos específicos da região em que o produtor está localizado.

4. Inscrição e envio de documentos: O produtor deve preencher um formulário de inscrição fornecido pela organização de certificação escolhida. Nesse formulário, serão solicitadas informações sobre a localização da fazenda, os tipos de culturas

ou criações envolvidas e as práticas agrícolas utilizadas. Além disso, o produtor pode precisar enviar documentação adicional, como registros de cultivo, uso de insumos e planos de manejo.

5. Inspeção no local: Após a inscrição, um inspetor designado pela organização de certificação visitará a propriedade do produtor para realizar uma inspeção no local. Durante a inspeção, o inspetor verificará se as práticas agrícolas estão em conformidade com os padrões orgânicos, avaliará o manejo do solo, o uso de fertilizantes e pesticidas, a proteção da biodiversidade, entre outros aspectos relacionados.

6. Análise de amostras: Em alguns casos, podem ser coletadas amostras de solo, água ou produtos para análise laboratorial. Essas análises visam verificar a ausência de resíduos químicos ou contaminantes prejudiciais, bem como a qualidade do solo e a nutrição das plantas.

7. Avaliação e decisão: Com base nas informações coletadas durante a inspeção e análise de amostras, a organização de certificação avaliará se a propriedade do produtor atende a todos os requisitos orgânicos. Uma decisão será tomada em relação à concessão ou não da certificação orgânica. Se aprovado, o produtor receberá um certificado que atesta a conformidade orgânica de seus produtos.

8. Manutenção da certificação: A certificação orgânica não é um processo único, mas requer uma manutenção contínua. Isso inclui a atualização anual do formulário de inscrição, pagamento de taxas de certificação, realização de inspeções regulares e fornecimento de documentação atualizada. Também é importante acompanhar quaisquer alterações nas regulamentações orgânicas e ajustar as práticas agrícolas conforme necessário.

É fundamental lembrar que o processo de certificação orgânica pode variar de acordo com a região e a organização de certificação escolhida. Portanto, é recomendável que os produtores interessados entrem em contato com uma organização de certificação reconhecida em sua área para obter orientações e informações específicas sobre o processo.

7.8: DESAFIOS E PERSPECTIVAS

Embora a agricultura orgânica e as certificações ofereçam muitos benefícios, também enfrentam desafios e apresentam perspectivas interessantes. Vamos explorar alguns desses desafios e perspectivas:

7.8.1 Desafios:

1. Concorrência com a agricultura convencional: A agricultura orgânica muitas vezes enfrenta desafios em competir com a agricultura convencional em termos de custos de produção e oferta de produtos. Os preços geralmente são mais altos para os alimentos orgânicos devido aos custos de produção mais elevados, o que pode limitar o acesso a esses alimentos para certos grupos de consumidores.

2. Disponibilidade de insumos orgânicos: A disponibilidade de insumos orgânicos, como fertilizantes, pesticidas e sementes, pode ser limitada em algumas regiões. Isso pode dificultar a adoção e a expansão da agricultura orgânica, especialmente em áreas onde a infraestrutura para a produção e distribuição desses insumos ainda está em desenvolvimento.

3. Gerenciamento de pragas e doenças: A agricultura orgânica depende de métodos de controle de pragas e doenças baseados em práticas naturais e medidas preventivas. No entanto, pode ser desafiador controlar efetivamente certas pragas e doenças sem o uso de pesticidas químicos sintéticos. Os produtores orgânicos devem empregar estratégias integradas de manejo de pragas e doenças para minimizar os impactos negativos.

4. Educação e capacitação: A transição para a agricultura orgânica requer conhecimento e habilidades específicas. Muitos produtores convencionais precisam adquirir conhecimentos sobre as práticas orgânicas, técnicas de manejo do solo, compostagem, rotação de culturas e outras práticas agrícolas sustentáveis. A educação e a capacitação adequadas são essenciais para superar esse desafio.

7.8.2 Perspectivas:

1. Crescente demanda por produtos orgânicos: Nos últimos anos, tem havido um aumento significativo na demanda por produtos orgânicos em muitas partes do mundo. Os consumidores estão cada vez mais conscientes da importância da alimentação saudável e sustentável, o que impulsiona a demanda por alimentos orgânicos. Essa crescente demanda cria oportunidades para os produtores orgânicos expandirem seus negócios e atenderem a essa demanda.

2. Avanços na pesquisa e tecnologia: A pesquisa e o desenvolvimento de técnicas e tecnologias específicas para a agricultura orgânica estão avançando. Novos métodos de controle de pragas e doenças, técnicas de manejo do solo, melhoramento de sementes e outras inovações estão sendo desenvolvidos para melhorar a eficiência e a produtividade da agricultura orgânica. Esses avanços podem ajudar a superar os desafios enfrentados e fortalecer a viabilidade da agricultura orgânica.

3. Apoio governamental: Muitos governos estão reconhecendo os benefícios da agricultura orgânica e implementando políticas de apoio. Isso inclui incentivos financeiros, programas de treinamento, facilitação do acesso a mercados e apoio à certificação orgânica. O apoio governamental é fundamental

para incentivar a transição para a agricultura orgânica e promover seu crescimento sustentável.

4. Consciência ambiental e responsabilidade social: A preocupação crescente com questões ambientais e sociais está impulsionando a demanda por alimentos produzidos de forma sustentável. A agricultura orgânica, com seus princípios de saúde do solo, ciclos naturais, bem-estar animal e exclusão de produtos químicos sintéticos, está alinhada com essas preocupações. À medida que mais pessoas se conscientizam dos impactos da agricultura convencional no meio ambiente e na saúde humana, a perspectiva para a agricultura orgânica se fortalece.

Em resumo, a agricultura orgânica e as certificações enfrentam desafios, mas também têm perspectivas promissoras. A demanda por alimentos saudáveis e sustentáveis está crescendo, e os avanços na pesquisa, apoio governamental e conscientização ambiental estão impulsionando o setor. Com esforços contínuos para superar os desafios e aproveitar as oportunidades, a agricultura orgânica tem o potencial de desempenhar um papel cada vez mais importante na produção de alimentos sustentáveis e na preservação do meio ambiente.

CAPÍTULO 8
Inovações e Tendências na Agricultura Sustentável

Introdução:

O capítulo 8 aborda as inovações e tendências em agricultura sustentável, destacando as soluções tecnológicas e práticas emergentes que estão moldando o futuro da agricultura. Essas inovações têm como objetivo aumentar a eficiência, reduzir os impactos ambientais e promover a sustentabilidade no setor agrícola.

8.1 Agricultura de precisão
8.2 Agricultura vertical
8.3 Agroecologia e permacultura
8.4 Agricultura regenerativa

Conclusão:

O capítulo 8 destacou as inovações e tendências na agricultura sustentável, abrangendo desde a agricultura de precisão até a agricultura vertical, agroecologia, permacultura e agricultura regenerativa. Essas práticas e tecnologias emergentes estão transformando a forma como produzimos alimentos, tornando os sistemas agrícolas mais eficientes, sustentáveis e resilientes. À medida que enfrentamos desafios globais, como a mudança climática e a escassez de recursos, a adoção dessas inovações se torna essencial para garantir a segurança alimentar e a preservação do meio ambiente. A agricultura sustentável é um caminho promissor para um futuro mais verde e resiliente.

8.1: AGRICULTURA DE PRECISÃO

A agricultura de precisão é uma abordagem avançada que utiliza tecnologias e sistemas de informação para otimizar a produção agrícola. Nesse contexto, os agricultores podem tomar decisões mais precisas e baseadas em dados, levando em consideração as variações espaciais e temporais das condições do campo.

8.1.1 Tecnologias utilizadas na agricultura de precisão:

- Sensoriamento remoto: O uso de drones, satélites e sensores permite o monitoramento das condições das plantações em tempo real. Essas tecnologias podem fornecer informações sobre a saúde das plantas, estresse hídrico, densidade populacional e muito mais, ajudando os agricultores a tomar medidas preventivas ou corretivas.
- Sistemas de posicionamento global (GPS): O GPS é fundamental na agricultura de precisão, permitindo que os agricultores rastreiem a localização exata de equipamentos, monitorem o movimento das máquinas no campo e realizem mapeamentos precisos de áreas cultivadas.
- Sistemas de informação geográfica (SIG): Os SIG são utilizados para integrar dados geográficos, como mapas, imagens e dados coletados no campo. Isso ajuda na análise espacial das informações e na tomada de decisões mais eficientes em relação ao manejo das culturas.
- Automação e robótica: O uso de robôs e equipamentos automatizados na agricultura de precisão permite realizar tarefas específicas, como semeadura, aplicação de fertilizantes e colheita, de forma mais precisa e eficiente.

8.1.2 Benefícios da agricultura de precisão:

- Melhor uso dos recursos: A agricultura de precisão permite um uso mais eficiente de recursos como água, fertilizantes e pesticidas. Os agricultores podem aplicar esses insumos de forma mais precisa, levando em consideração as necessidades específicas das plantas e evitando desperdícios.
- Aumento da produtividade: Com a identificação precoce de problemas nas plantações e ações corretivas oportunas, os agricultores podem minimizar perdas e melhorar a produtividade geral.
- Redução do impacto ambiental: A agricultura de precisão ajuda a reduzir a aplicação excessiva de insumos agrícolas, o que contribui para a preservação do solo, da água e da biodiversidade. Além disso, ao otimizar a produção, a necessidade de expansão de terras agrícolas é reduzida.
- Tomada de decisões baseada em dados: Acesso a informações detalhadas e atualizadas sobre as condições das plantações permite que os agricultores tomem decisões mais embasadas e estratégicas em relação ao manejo das culturas. Isso resulta em uma gestão mais eficiente e melhores resultados financeiros.
- Monitoramento e controle contínuos: Com as tecnologias da agricultura de precisão, é possível realizar monitoramento contínuo das lavouras, permitindo a detecção precoce de problemas e ações rápidas para mitigá-los.
- Personalização das práticas agrícolas: A agricultura de precisão permite ajustar as práticas agrícolas com base nas características específicas de cada área do campo, levando em consideração as variações de solo, topografia, umidade e outros fatores.

8.1.3 Desafios e perspectivas da agricultura de precisão:

- Custos iniciais: A implantação de tecnologias de agricultura de precisão pode envolver custos significativos, como a aquisição de equipamentos e sistemas. No entanto, à medida que essas tecnologias se tornam mais acessíveis e amplamente adotadas, espera-se uma redução de custos a longo prazo.
- Capacitação e conhecimento: A adoção da agricultura de precisão requer treinamento e capacitação adequados dos agricultores e profissionais do setor. É necessário um entendimento sólido das tecnologias e dos processos envolvidos para aproveitar todo o potencial da agricultura de precisão.
- Integração de sistemas: A integração eficiente de diferentes tecnologias e sistemas de informação é um desafio em potencial. É fundamental que essas tecnologias sejam interoperáveis e possam compartilhar dados de forma eficaz para uma tomada de decisão mais precisa.
- Evolução tecnológica: A agricultura de precisão está em constante evolução, com o surgimento de novas tecnologias e abordagens. Acompanhar essas inovações requer investimento contínuo em pesquisa e desenvolvimento, bem como uma mentalidade aberta para a adoção de novas tecnologias.

No geral, a agricultura de precisão oferece um grande potencial para otimizar a produção agrícola, reduzir o impacto ambiental e melhorar a eficiência do uso dos recursos. Embora haja desafios a serem superados, a contínua evolução tecnológica e o interesse crescente dos agricultores e do setor agrícola sugerem um futuro promissor para a agricultura de precisão.

8.2: AGRICULTURA VERTICAL

A agricultura vertical é uma abordagem inovadora que envolve o cultivo de plantas em estruturas verticais, como torres, prateleiras ou paredes, em ambientes controlados. Nesse sistema, as plantas são cultivadas em camadas empilhadas verticalmente, utilizando técnicas de iluminação artificial, controle de temperatura, umidade e nutrientes para criar condições ideais de crescimento.

8.2.1 Benefícios da agricultura vertical:

- Otimização do espaço: A agricultura vertical permite o cultivo de plantas em áreas urbanas densas, onde o espaço é limitado. As estruturas verticais permitem que mais plantas sejam cultivadas em uma área reduzida, maximizando a produtividade por metro quadrado.
- Economia de recursos: A agricultura vertical utiliza menos terra, água e fertilizantes em comparação com a agricultura tradicional em campo aberto. Além disso, a recirculação de água e a reutilização de nutrientes são práticas comuns na agricultura vertical, reduzindo o desperdício e aumentando a eficiência do uso de recursos.
- Proteção contra condições climáticas adversas: As plantas cultivadas em sistemas verticais estão protegidas contra condições climáticas extremas, como geadas, tempestades ou secas. Isso minimiza os riscos de perdas de colheitas devido a eventos climáticos imprevisíveis.
- Produção o ano todo: Com a agricultura vertical, é possível controlar as condições ambientais, como temperatura e iluminação, permitindo o cultivo contínuo de plantas durante todo o ano, independentemente das estações.
- Qualidade e segurança dos alimentos: O ambiente controlado da agricultura vertical reduz a exposição a pragas, doenças e contaminantes ambientais, resultando em produtos agrícolas de alta qualidade e segurança alimentar.

- Redução da pegada de carbono: A agricultura vertical, ao evitar o desmatamento e a conversão de terras para agricultura convencional, contribui para a redução da pegada de carbono. Além disso, a produção local de alimentos reduz a necessidade de transporte de longa distância, resultando em menor emissão de gases de efeito estufa.

8.2.2 Desafios e perspectivas da agricultura vertical:

- Custo inicial elevado: A implementação de sistemas de agricultura vertical pode ser dispendiosa devido ao investimento em infraestrutura, equipamentos e tecnologias. No entanto, à medida que a demanda aumenta e a tecnologia se torna mais acessível, os custos tendem a diminuir.
- Eficiência energética: A agricultura vertical requer iluminação artificial e controle de temperatura, o que pode resultar em um consumo significativo de energia. O desenvolvimento de sistemas mais eficientes em termos energéticos é essencial para melhorar a sustentabilidade da agricultura vertical.
- Seleção de culturas adequadas: Nem todas as culturas são adequadas para o cultivo vertical. Algumas plantas têm raízes muito grandes ou exigem mais espaço para crescer adequadamente. É importante selecionar as culturas certas que se adaptem bem ao sistema vertical.
- Aceitação e regulamentação: A agricultura vertical ainda é uma prática relativamente nova e pode enfrentar desafios em termos de aceitação e regulamentação. É necessário um diálogo contínuo entre os produtores, cientistas, autoridades reguladoras e consumidores para estabelecer diretrizes claras e promover a confiança nos produtos cultivados verticalmente.

Apesar dos desafios, a agricultura vertical oferece oportunidades promissoras para aumentar a produção de alimentos de forma sustentável, especialmente em áreas urbanas. À medida que a tecnologia continua a avançar e mais pesquisas são realizadas, espera-se que a agricultura vertical desempenhe um papel importante na segurança alimentar, na redução da pegada ambiental e no desenvolvimento de sistemas agrícolas mais resilientes.

8.3: AGROECOLOGIA E PERMACULTURA

A agroecologia e a permacultura são abordagens fundamentadas em princípios ecológicos que visam promover a sustentabilidade na agricultura. Ambas as práticas estão intimamente relacionadas e compartilham objetivos comuns de criar sistemas agrícolas mais resilientes, produtivos e ecologicamente equilibrados.

8.3.1 Agroecologia:

A agroecologia é uma disciplina que busca aplicar os princípios da ecologia no desenvolvimento e manejo de sistemas agrícolas. Ela reconhece a importância das interações entre os elementos naturais, como solo, plantas, animais e microorganismos, e procura promover práticas que melhorem a saúde do ecossistema agrícola como um todo.

Princípios da agroecologia:

1. Diversidade: A agroecologia enfatiza a importância da diversidade de espécies, tanto vegetais quanto animais, para promover a resiliência do sistema agrícola. A diversificação de culturas e a integração de diferentes espécies contribuem para o controle de pragas e doenças, melhoram a fertilidade do solo e aumentam a estabilidade do sistema.

2. Ciclos naturais: A agroecologia valoriza os ciclos naturais, como o ciclo de nutrientes e a decomposição de matéria orgânica, para promover a fertilidade do solo. Em vez de depender de insumos externos, busca-se o manejo inteligente dos recursos disponíveis na própria propriedade agrícola.

3. Uso eficiente de recursos: A agroecologia busca otimizar o uso de recursos, como água e energia, reduzindo o desperdício e promovendo práticas de conservação. Isso inclui o uso de técnicas de manejo do solo, como a cobertura vegetal e a rotação

de culturas, que melhoram a retenção de água e reduzem a erosão.

4. Integração e interação: A agroecologia busca promover a integração entre diferentes componentes do sistema agrícola, como plantas, animais e microorganismos. Isso pode ser feito através da implantação de sistemas agroflorestais, consórcios entre culturas, e criação de animais em harmonia com a natureza.

8.3.2 Permacultura:

A permacultura é um sistema de design baseado em princípios éticos e ecológicos que visa criar ambientes sustentáveis e resilientes, imitando os padrões encontrados na natureza. Ela busca criar sistemas agrícolas que sejam produtivos, autossuficientes e que promovam a harmonia entre os seres humanos e a natureza.

Princípios da permacultura:

1. Observação e interação: A permacultura valoriza a observação atenta da natureza e o entendimento de seus padrões e ciclos. Através da interação consciente com o ambiente, busca-se criar sistemas agrícolas que sejam adaptados às condições locais e que respeitem as características naturais do local.

2. Uso de padrões naturais: A permacultura busca entender e aplicar os padrões encontrados na natureza, como a organização em zonas e a utilização de bordas. Esses padrões permitem uma melhor utilização do espaço e promovem a diversidade e a interação entre os elementos do sistema.

3. Uso eficiente de recursos: A permacultura busca utilizar os recursos disponíveis de forma eficiente, minimizando o desperdício e promovendo a reutilização e o reaproveitamento. Isso inclui a captação de água da chuva, o uso de sistemas de

compostagem e a implementação de técnicas de conservação do solo.

4. Integração de elementos: A permacultura busca criar sistemas agrícolas integrados, onde os diferentes elementos se beneficiam mutuamente. Isso pode incluir a combinação de plantas que possuam uma relação simbiótica, como a associação de leguminosas com culturas alimentares, ou a integração de animais no sistema para fornecer nutrientes e controle de pragas.

Tanto a agroecologia quanto a permacultura oferecem abordagens sustentáveis e regenerativas para a agricultura, priorizando a saúde do ecossistema, a resiliência e a produção de alimentos saudáveis. Ao implementar esses princípios e práticas, é possível criar sistemas agrícolas mais equilibrados, com benefícios tanto para o meio ambiente quanto para as comunidades agrícolas.

8.4: AGRICULTURA REGENERATIVA

A agricultura regenerativa é uma abordagem holística e orientada para o futuro que visa restaurar a saúde dos ecossistemas agrícolas e promover a regeneração do solo, da biodiversidade e dos recursos naturais. Ela vai além da sustentabilidade, buscando ativamente melhorar a qualidade do solo, aumentar a captura de carbono, fortalecer a resiliência dos sistemas agrícolas e criar benefícios socioeconômicos para os agricultores e comunidades locais.

Princípios da agricultura regenerativa:

1. Foco na saúde do solo: A agricultura regenerativa coloca a saúde do solo como prioridade central. Ela busca melhorar a estrutura, a fertilidade e a vida biológica do solo, por meio de práticas como o uso de cobertura vegetal, rotação de culturas, compostagem e redução do uso de agroquímicos. Isso resulta em solos mais saudáveis, com melhor capacidade de retenção de água, maior resistência a pragas e doenças, e maior capacidade de captura de carbono.

2. Biodiversidade e ecossistemas complexos: A agricultura regenerativa busca promover a diversidade biológica nos sistemas agrícolas. Isso inclui a adoção de práticas que estimulam a presença de plantas nativas, a criação de habitats para a fauna benéfica e a preservação de áreas de vegetação natural nas propriedades agrícolas. A biodiversidade fortalece a resiliência dos sistemas agrícolas, contribui para o controle natural de pragas e doenças, e promove a polinização e a fertilização cruzada.

3. Ciclos naturais e gestão de recursos: A agricultura regenerativa busca imitar os processos naturais e os ciclos ecológicos na gestão dos recursos agrícolas. Isso envolve o fechamento de ciclos, como a reciclagem de nutrientes por meio do uso de

adubos orgânicos e da compostagem, o uso eficiente da água por meio de técnicas de conservação e irrigação inteligente, e a gestão integrada de pragas e doenças por meio de práticas agroecológicas.

4. Participação e colaboração: A agricultura regenerativa valoriza a participação ativa dos agricultores e das comunidades locais no processo de tomada de decisão e na implementação das práticas agrícolas. Ela promove a colaboração entre os agricultores, a troca de conhecimentos e experiências, e a construção de sistemas alimentares mais inclusivos e resilientes.

A agricultura regenerativa vai além da simples sustentabilidade, buscando reverter os impactos negativos da agricultura convencional e criar sistemas agrícolas que tenham um impacto positivo no meio ambiente e na sociedade. Essa abordagem tem o potencial de enfrentar os desafios atuais da agricultura, como a degradação do solo, a perda de biodiversidade e as mudanças climáticas, e contribuir para a construção de um sistema alimentar mais saudável, justo e sustentável.

Conclusão final

A agricultura desempenha um papel crucial na nossa sociedade, e a transição para práticas agrícolas mais sustentáveis é essencial para enfrentar os desafios ambientais e alimentares que enfrentamos atualmente. Nos capítulos anteriores, exploramos diversos temas relacionados à sustentabilidade na agricultura, desde a compreensão dos princípios da sustentabilidade até a aplicação de técnicas e tecnologias sustentáveis.

No Capítulo 1, destacamos a importância da sustentabilidade na agricultura e como ela está intrinsecamente ligada à preservação do meio ambiente. Exploramos a definição de sustentabilidade na agricultura e como práticas sustentáveis podem contribuir para a proteção dos recursos naturais, a redução do impacto ambiental e a promoção da segurança alimentar.

No Capítulo 2, abordamos a conservação do solo e da água, reconhecendo sua importância para a saúde dos ecossistemas agrícolas. Exploramos a erosão do solo, suas causas e consequências, e discutimos práticas de manejo do solo que podem minimizar esse problema. Também destacamos a importância da conservação da água na agricultura e apresentamos técnicas e estratégias para sua preservação.

No Capítulo 3, concentramos nossa atenção no uso responsável de fertilizantes e pesticidas. Exploramos os impactos negativos do uso excessivo desses produtos químicos e discutimos a importância de adotar práticas agrícolas que reduzam sua utilização. Apresentamos também alternativas aos fertilizantes e pesticidas convencionais, como o uso de fertilizantes orgânicos e o controle biológico de pragas.

No Capítulo 4, exploramos a agricultura de precisão e as tecnologias sustentáveis que estão transformando o setor agrícola. Discutimos como o uso de tecnologias como sensores, drones e sistemas de informação geográfica podem melhorar a eficiência dos processos agrícolas e reduzir o uso de insumos. Também destacamos a importância da agricultura de precisão para o monitoramento e a gestão sustentável dos recursos agrícolas.

No Capítulo 5, mergulhamos no campo da agroecologia e dos sistemas agroflorestais. Exploramos os princípios da agroecologia e como ela promove a sustentabilidade e a resiliência dos sistemas agrícolas. Também discutimos os sistemas agroflorestais, que combinam árvores, culturas agrícolas e criação de animais, e os benefícios que eles oferecem em termos de diversificação, conservação do solo e da água, e promoção da biodiversidade.

No Capítulo 6, abordamos a agricultura urbana e periurbana, destacando a importância de produzir alimentos em áreas urbanas e suas imediações. Exploramos as diferentes práticas e técnicas utilizadas na agricultura urbana, como hortas comunitárias, agricultura em espaços verticais e agricultura periurbana. Também discutimos os benefícios sociais, ambientais e econômicos da agricultura urbana.

No Capítulo 7, concentramos nossa atenção na agricultura orgânica e nas certificações. Exploramos os princípios da agricultura orgânica, que promovem práticas agrícolas mais sustentáveis e saudáveis. Discutimos os benefícios da agricultura orgânica em termos de qualidade dos alimentos, preservação do meio ambiente e bem-estar animal. Também apresentamos as certificações orgânicas, que garantem a conformidade com os padrões estabelecidos.

No Capítulo 8, abordamos as inovações e tendências na agricultura sustentável. Exploramos diferentes tecnologias e abordagens inovadoras, como a agricultura de precisão, a utilização de energias renováveis, a aplicação de biotecnologia e a promoção da agricultura digital. Também discutimos a importância de promover a colaboração entre os setores público e privado, bem como a capacitação dos agricultores para adotarem essas inovações.

Em conclusão, os capítulos deste ebook forneceram uma visão abrangente da sustentabilidade na agricultura, destacando a importância de adotar práticas e soluções que promovam a preservação do meio ambiente, a saúde dos ecossistemas agrícolas e a segurança alimentar. A transição para uma agricultura mais sustentável requer o engajamento de todos os atores envolvidos, desde os agricultores e produtores até os consumidores e formuladores de políticas. Com a adoção de práticas sustentáveis, tecnologias inovadoras e uma abordagem integrada, podemos colher um futuro mais verde e sustentável na agricultura.

A sustentabilidade na agricultura é fundamental para garantir um futuro saudável e próspero para o nosso planeta. Cada um de nós desempenha um papel importante nessa jornada, seja como agricultor, consumidor, formulador de políticas ou defensor do meio ambiente. Ao adotarmos práticas agrícolas sustentáveis, podemos proteger os recursos naturais, preservar a biodiversidade, promover a saúde dos ecossistemas e garantir a segurança alimentar para as gerações futuras.

Lembremos que nossas escolhas alimentares têm impacto. Ao optarmos por alimentos produzidos de forma sustentável, orgânicos e locais, estamos apoiando uma agricultura mais saudável e regenerativa. Além disso, ao valorizarmos a conexão entre produtores e consumidores, podemos fortalecer as comunidades locais, criar empregos e contribuir para uma economia mais sustentável.

Vamos abraçar a inovação e as tendências na agricultura sustentável, aproveitando as tecnologias e os conhecimentos disponíveis para impulsionar a mudança positiva. Sejamos agentes de transformação, promovendo a transição para sistemas agrícolas mais resilientes, eficientes e justos.

Lembremos também que a sustentabilidade na agricultura vai além das práticas no campo. É uma mentalidade, um compromisso com a responsabilidade ambiental e social. Cuidar do meio ambiente e promover a equidade são pilares essenciais para construir um mundo mais justo e sustentável.

Juntos, podemos colher o futuro que desejamos - um futuro em que a agricultura e o meio ambiente estejam em harmonia, em que os alimentos sejam produzidos de forma responsável e saudável, e em que a nossa relação com a natureza seja de respeito e cuidado. Vamos trabalhar em conjunto para criar um planeta mais verde, onde a agricultura sustentável seja a base para a prosperidade de todos.

Prefácio

Ao começar a escrever este livro, "Colhendo o Futuro: Sustentabilidade na Agricultura", meu objetivo era compartilhar conhecimentos, insights e perspectivas sobre a importância da agricultura sustentável.

Vivemos em um mundo onde a agricultura desempenha um papel fundamental na nossa sobrevivência e no equilíbrio ambiental. No entanto, também enfrentamos desafios significativos, como a degradação do solo, a escassez de água, o uso excessivo de fertilizantes e pesticidas, além dos impactos das mudanças climáticas. É fundamental encontrarmos soluções que nos permitam alimentar uma população global em constante crescimento, ao mesmo tempo em que protegemos e preservamos o nosso planeta.

Neste livro, exploraremos diversos aspectos da agricultura sustentável, abordando temas como a conservação do solo e da água, o uso responsável de fertilizantes e pesticidas, a adoção de tecnologias sustentáveis e a implementação de práticas agroecológicas. Também exploraremos as possibilidades da agricultura urbana e periurbana, assim como os benefícios da agricultura orgânica e das certificações.

Além disso, dedicaremos um capítulo para discutir as inovações e as tendências na agricultura sustentável, para que possamos estar atualizados sobre as últimas descobertas e tecnologias que podem nos ajudar a avançar nessa área tão vital.

Ao longo deste livro, buscarei fornecer informações práticas, baseadas em evidências científicas e exemplos reais, para que os leitores possam compreender melhor os desafios enfrentados pela agricultura atual e descobrir maneiras de aplicar práticas sustentáveis em suas próprias vidas e comunidades.

Acredito firmemente que a sustentabilidade na agricultura não é apenas uma opção, mas uma necessidade urgente. Devemos unir nossos esforços, como agricultores, consumidores, pesquisadores, governos e sociedade em geral, para transformar a maneira como produzimos e consumimos alimentos, visando um futuro mais saudável e equilibrado para todos.

Espero que este livro seja uma fonte de inspiração e orientação para todos aqueles que se preocupam com a saúde do nosso planeta e com o bem-estar das gerações futuras. Juntos, podemos fazer a diferença e colher um futuro mais sustentável.

Boa leitura!

Thiago Rodrigues

AGRADECIMENTOS

Gostaria de expressar minha profunda gratidão a todas as pessoas e instituições que tornaram possível a criação deste livro "Colhendo o Futuro: Sustentabilidade na Agricultura". Sem o apoio e contribuição de cada um de vocês, esse projeto não teria se concretizado.

Em primeiro lugar, agradeço aos agricultores e agricultoras que trabalham diariamente em prol de uma agricultura sustentável. Suas mãos dedicadas e seus conhecimentos compartilhados são a inspiração por trás deste livro. Agradeço por sua persistência e por alimentarem nossas mesas de forma responsável, enquanto protegem e conservam a terra que nos sustenta.

Aos pesquisadores e cientistas dedicados ao estudo da agricultura sustentável, meu sincero reconhecimento. Seus esforços incansáveis na busca por soluções inovadoras e práticas agrícolas mais sustentáveis são fundamentais para o avanço do setor e para a construção de um futuro melhor.

Agradeço também aos defensores da agricultura sustentável e das questões ambientais. Sua paixão e comprometimento em promover mudanças positivas na forma como produzimos e consumimos alimentos são uma fonte de inspiração. O trabalho de vocês em conscientizar e educar a sociedade é inestimável.

Quero expressar minha gratidão aos meus familiares e amigos que me apoiaram ao longo deste processo de escrita. Seu encorajamento, paciência e apoio inabalável foram fundamentais para que eu persistisse em transformar minhas ideias em palavras impressas.

Não posso deixar de mencionar agradeço aos profissionais envolvidos na publicação deste livro. Sua experiência, orientação e dedicação foram fundamentais para dar vida a este projeto e torná-lo uma realidade.

Por fim, quero expressar minha profunda gratidão aos leitores deste livro. O objetivo desta obra é informar, inspirar e desafiar nossa visão sobre a agricultura sustentável. Espero que as palavras escritas nestas páginas possam despertar um maior entendimento e incentivar ações positivas em prol de um futuro mais sustentável para todos.

Que este livro seja uma semente que inspire a mudança e promova uma agricultura sustentável em todo o mundo.

Com sinceridade e gratidão,

EQUIPE ORGANLIFE

Sobre Autor.

Thiago Rodrigues é um empreendedor visionário e autor do livro "Colhendo o Futuro: Sustentabilidade na Agricultura". Ele é amplamente reconhecido como o fundador e CEO da Organlife, a maior distribuidora de produtos orgânicos e sustentáveis para a agricultura.

Com sua paixão pela agricultura sustentável, Thiago Rodrigues dedicou sua carreira a promover práticas agrícolas responsáveis e ecologicamente conscientes. Através da Organlife, ele tem desempenhado um papel fundamental no fornecimento de soluções inovadoras e produtos de alta qualidade para agricultores comprometidos com a sustentabilidade.

Como autor do livro "Colhendo o Futuro: Sustentabilidade na Agricultura", Thiago compartilha sua expertise e insights sobre os desafios e oportunidades da agricultura sustentável. Ele explora temas como o uso eficiente dos recursos naturais, a conservação do solo, o manejo de resíduos, a promoção da biodiversidade e muitos outros aspectos importantes para a criação de um sistema agrícola equilibrado e regenerativo.

Com uma abordagem acessível e envolvente, Thiago Rodrigues capacita os leitores a entenderem a importância da sustentabilidade na agricultura e a adotarem práticas que promovam um futuro mais saudável e próspero. Seu livro oferece insights valiosos e exemplos práticos de como a agricultura sustentável pode ser implementada e os benefícios que ela traz para a saúde humana, a preservação do meio ambiente e a viabilidade econômica.

Thiago Rodrigues é reconhecido como uma voz influente no campo da agricultura sustentável e como um defensor apaixonado de uma abordagem holística para a produção de alimentos. Seu trabalho como empresário e autor inspira agricultores, pesquisadores, consumidores conscientes e todos aqueles que buscam criar um futuro mais sustentável através da agricultura.

Com seu livro "Colhendo o Futuro: Sustentabilidade na Agricultura" e sua liderança na Organlife, Thiago Rodrigues continua a impactar positivamente o setor agrícola, promovendo práticas responsáveis e uma mentalidade de longo prazo para garantir a saúde do planeta e a prosperidade das gerações futuras.